Maman Ahmad Khan

Monitorização baseada em PMU para integração de energias renováveis em redes inteligentes

Maman Ahmad Khan

Monitorização baseada em PMU para integração de energias renováveis em redes inteligentes

ScienciaScripts

Imprint

Cover image: www.ingimage.com

This book is a translation from the original published under ISBN 978-3-659-77125-5.

Publisher:
Sciencia Scripts
is a trademark of
Dodo Books Indian Ocean Ltd. and OmniScriptum S.R.L publishing group

120 High Road, East Finchley, London, N2 9ED, United Kingdom
Str. Armeneasca 28/1, office 1, Chisinau MD-2012, Republic of Moldova, Europe
Managing Directors: Ieva Konstantinova, Victoria Ursu
info@omniscriptum.com

Printed at: see last page
ISBN: 978-620-8-52646-7

Conteúdo

Capítulo 1

Introdução

1.1 Rede de Sistemas de Energia - Passado, Presente e Futuro

No mundo de hoje, as redes existentes estão sob pressão para satisfazer a crescente procura de energia, bem como para fornecer um abastecimento estável e sustentável de eletricidade. Estes desafios complexos estão a impulsionar a evolução da rede inteligente. As limitações da atual infraestrutura de rede, como a dependência de fontes de energia convencionais, devem ser ultrapassadas através de uma melhor implantação das fontes de energia renováveis e da adição de uma camada de tecnologia da informação e da comunicação. A figura 1.1 mostra a atualização básica da rede eléctrica ao longo do tempo.

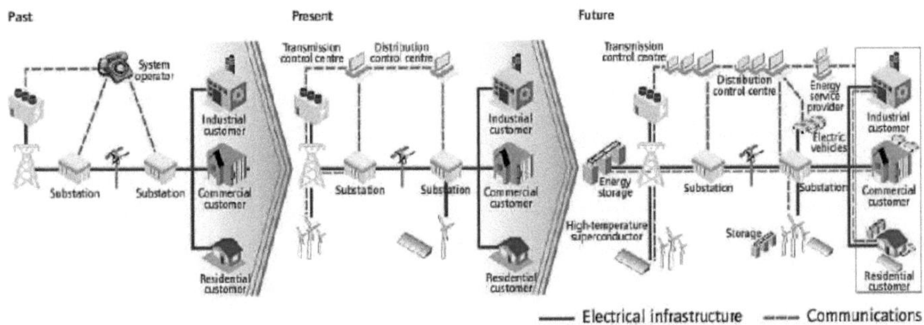

Figura 1.1 - Modificação generalizada da rede eléctrica

Na estrutura tradicional da rede, a energia pode fluir em sentido unidirecional dos níveis de tensão mais elevados para os mais baixos. No entanto, com o aumento das gerações distribuídas e das áreas de excedente líquido local, um sistema com fluxos de energia bidireccionais resolveria muitos problemas. Questões como a procura crescente de energia, a pressão para uma alternativa de energia verde, a atualização do atual sistema de energia para incorporar VHE, etc. Estas questões contribuem para a incapacidade da rede tradicional de satisfazer de forma competente a procura de um fornecimento de energia consistente, o que levou ao desenvolvimento da rede inteligente [1]. Uma rede inteligente é definida como as redes de eletricidade que integram inteligentemente geradores e consumidores para fornecer eficientemente eletricidade com capacidade suficiente e área de cobertura acessível, segura, económica, fiável, eficiente e sustentável [2].

O principal objetivo das redes inteligentes é promover a participação ativa dos clientes e a tomada de decisões, bem como criar um ambiente operacional em que tanto os serviços de utilidade pública como os utilizadores de eletricidade se influenciem mutuamente. Nas redes inteligentes, os utilizadores podem influenciar os serviços públicos acrescentando fontes de produção distribuída, como módulos fotovoltaicos (PV) ou armazenamento de energia no ponto de utilização, e reagindo a sinais de preços. Os serviços de utilidade pública podem melhorar a fiabilidade através de programas de resposta à procura, acrescentando produção distribuída ou armazenamento de energia nas subestações.

1.2 Energias renováveis e redes inteligentes

A atual estrutura tradicional da rede reflecte compromissos cuidadosamente ponderados entre custo e fiabilidade. A aplicação de conceitos de redes inteligentes desempenhará, no entanto, um papel vital na integração em grande escala de novas formas de produção e de procura. A produção renovável (energia eólica, energia solar, etc.) dá um contributo importante para a produção de energia eléctrica. A integração destes recursos altamente variáveis e amplamente distribuídos aborda a operação e o controlo do sistema de energia. Do mesmo modo, novos tipos de cargas, como os veículos eléctricos plug-in, etc., oferecerão desafios e oportunidades. O estabelecimento de uma estrutura cibernética que proporcione uma boa deteção será vital para alcançar a capacidade de resposta necessária para as futuras operações da rede. A deteção e a atuação não têm qualquer utilidade sem controlos adequados [3].

Um desafio significativo associado às redes inteligentes é a integração da produção renovável. Tradicionalmente, os sistemas de energia costumavam lidar com a incerteza da procura de carga através do controlo da oferta, mas com as fontes de energia renováveis, no entanto, é necessário lidar também com a incerteza e a intermitência do lado da oferta. São necessários mecanismos de resposta à procura e de controlo da carga (direto e indireto) para ajustar o consumo. O controlo direto da carga, ou seja, os ajustamentos da carga efectuados diretamente pela empresa de serviços públicos, deve ser não perturbador, no sentido em que os consumidores não têm conhecimento das acções de controlo.

Integração das fontes renováveis na rede inteligente -Benefícios e desafios

Os benefícios da integração das fontes renováveis com a rede inteligente são os seguintes [4]:

- Em primeiro lugar, permite que as fontes de energia renováveis substituam as centrais alimentadas a combustíveis fósseis com uma melhor qualidade e fiabilidade do fornecimento de energia.

- Em segundo lugar, a integração dos consumidores como intervenientes activos no sistema elétrico; poupanças, conseguidas através da redução dos picos de procura e da melhoria da eficiência energética, bem como da redução das emissões de gases com efeito de estufa.

- Por último, a regulação da tensão e o seguimento da carga permitem reduzir o custo das operações com base nos custos marginais de produção.

A produção variável, fornecida por muitas fontes de energia renováveis, constitui um desafio para as operações da rede eléctrica. No entanto, quando utilizada em integração com a rede inteligente, a produção distribuída reactiva pode ser vantajosa para as operações do sistema se for coordenada para aliviar o stress no sistema (por exemplo, picos de carga, sobrecargas nas linhas, etc.). As abordagens de redes inteligentes podem reduzir as barreiras e facilitar a integração de recursos renováveis [5]. Os principais desafios no que respeita à integração das fontes renováveis são os seguintes

- Estratégias de controlo avançadas: As centrais de energia solar e eólica apresentam dinâmicas variáveis, não linearidades e incertezas, pelo que as redes inteligentes exigem estratégias de controlo avançadas para as resolver eficazmente. A utilização de técnicas de controlo mais eficientes não só aumentaria o desempenho destes sistemas, como também aumentaria o número de horas de funcionamento das centrais solares e eólicas, reduzindo assim o custo por quilowatt-hora (KWh) produzido.

- A energia eólica e a energia solar são ambas recursos intermitentes. O comportamento do vento muda diariamente e sazonalmente, e a luz solar só está disponível durante o dia. Tanto a energia eólica como a energia solar podem ser vistas como recursos agregados do ponto de vista de uma rede eléctrica, com níveis que variam num período de 10 minutos a 1 hora, pelo que não representam a mesma forma de intermitência que uma interrupção não planeada de um grande gerador de carga de base.

- Para ser flexível à evolução das tecnologias, é necessário identificar a interface vital entre os componentes tecnológicos.

- Conseguir a associação entre prestadores de serviços, utilizadores finais e fornecedores de tecnologia é difícil, sobretudo num mercado internacional em crescimento. O intercâmbio de conhecimentos e informações pode permitir que várias partes liguem os seus dispositivos e sistemas para uma interação adequada, mas é difícil conseguir a interoperabilidade.

1.3 Objetivo

À medida que a expansão da integração de fontes renováveis na rede inteligente continua, o desafio da monitorização e controlo reais torna-se maior. Os parâmetros importantes da rede são medidos em vários pontos do sistema e transferidos para o centro de controlo, onde os dados são utilizados para várias funções do sistema de gestão de energia (EMS). A estimativa do estado constitui uma das principais funções do SGE no centro de controlo. A precisão da estimativa do estado depende diretamente da precisão das medições utilizadas [6]. Assim, é altamente essencial utilizar dispositivos de medição exactos. As Unidades de Medição de Fases (PMU), com a sua elevada precisão inerente e a capacidade única de medir os ângulos de tensão, oferecem uma grande vantagem na melhoria da precisão global da estimativa de estado. A monitorização do sistema de medição de corrente não é tão rápida quanto o necessário para monitorizar as variações rápidas numa rede de sistema de energia integrada de energias renováveis.

Por conseguinte, o principal objetivo desta tese é:

1) Mostrar como as PMU (Phasor Measurement Units) melhoram a monitorização e o controlo da integração das energias renováveis na rede inteligente.

2) Uma vez que a produção das fontes de energia renováveis flutua com o tempo, o objetivo do trabalho é incorporar a dinâmica do sistema na monitorização dos estados da rede.

1.4 Motivação

As medições do SCADA são recebidas aproximadamente de dois em dois segundos, o que claramente não é suficientemente rápido para monitorizar os transientes nas redes de sistemas de energia para casos como a variação na excitação do campo, a mudança na intermitência da carga, a saída do gerador distribuído, etc., uma vez que são pelo menos uma ordem de grandeza mais rápidos do que o tempo de atualização da medição (2 segundos). A monitorização de qualquer rede de sistemas de energia requer essencialmente a informação sobre a tensão e os ângulos de tensão de todos os barramentos da rede. Estas podem ser obtidas por estimadores de estado cujas entradas são as medições, tais como fluxos de potência, injecções, fluxos de corrente, etc., e a saída é a estimativa dos estados do sistema (tensão e ângulos de tensão).

As medições do SCADA são utilizadas há décadas para efetuar estimativas de estado estático. Com o advento dos dispositivos sincrofasores (PMU), estas limitações do SCADA podem ser ultrapassadas. Isto deve-se ao facto de a taxa de atualização das unidades de medição de fasores ser muito elevada e de as medições estarem agora disponíveis a um ritmo bastante rápido. Para poder monitorizar com êxito os estados do sistema nas condições dinâmicas acima descritas. Será necessário um algoritmo de estimação do estado dinâmico que satisfaça os seguintes critérios

1) Utilizar os dados das unidades PMU instaladas para monitorizar a rede inteligente integrada de energias renováveis para desenvolver um estimador de estado que seja suficientemente rápido para seguir a dinâmica do sistema e que tenha menos requisitos de processamento.

2) O conjunto completo de todas as medições não está necessariamente disponível a todo o momento. Nesta situação, um estimador de estado estático falha. Um estimador de estado dinâmico pode prever o estado utilizando os valores passados das medições correspondentes às medições que não estão disponíveis e verificando a sua previsão quando estas estiverem disponíveis em fases

posteriores.

1.5 Linhas gerais do relatório

Chapter 1: Explica a rede tradicional e a rede inteligente, a integração das energias renováveis com a rede inteligente, os seus benefícios e desafios, como a PMU supera os desafios da integração das energias renováveis, objetivo e motivação da dissertação.

Chapter 2: Introduz as medições com sincrofasores e explica em pormenor os princípios básicos envolvidos, a sua necessidade e aplicações.

Chapter 3: Apresenta uma breve descrição do filtro de Kalman, da sua capacidade de observação, do seu algoritmo e do método através do qual é implementado na estimativa dinâmica do estado.

Chapter 4: Explica o tipo de estimação utilizado na tese, a estimação do estado de rastreio, o seu processo de medição, o modelo matemático, a modelação da estimação do estado dinâmico, a sua formulação, o fluxograma do procedimento realizado na tese.

Chapter 5: Resultados da estimação de estado do tipo rastreamento - com a técnica do modelo Simulink e com a técnica de fluxo de carga newton raphson realizada no sistema de barramento padrão IEEE 14, resultados da estimação de estado dinâmico.

Capítulo 2

Unidade de medição de fasores

A desregulamentação, a concorrência e o aumento da complexidade das redes eléctricas actuais resultaram em problemas de estabilidade dos sistemas de energia. Os problemas específicos com que se deparam atualmente são as perturbações em todo o sistema, que não são cobertas pela proteção existente, e os sistemas de controlo da rede - sistemas concebidos há décadas para a monitorização e o controlo de áreas locais.

Os fasores abordam os problemas que surgiram na maioria dos grandes apagões que ocorreram em todo o mundo, nomeadamente o apagão de junho de 2012 na Índia, o apagão de agosto de 2003 na Interconexão Oriental nos EUA, o apagão de agosto de 16 na Interconexão Ocidental nos EUA, os apagões do verão de 2003 e 2004 na Europa e noutros locais.

Todas estas investigações sobre o apagão chegaram a uma combinação das seguintes conclusões:

- Falta de visibilidade em toda a área.
- Falta de dados sincronizados no tempo.
- Incapacidade de monitorizar o comportamento dinâmico do sistema em tempo real.

Assim, tendo em conta o que precede, é essencial utilizar novas técnicas de medição para melhorar a monitorização, o controlo e a segurança. Os dispositivos de medição de sincrofasores (unidades de medição de fasores) fornecem uma solução para este problema e é por isso que se espera que estejam presentes em todas as redes eléctricas do futuro.

2.1 Medições de fasores

O fasor é um conceito fundamental em Engenharia Eléctrica que representa um sinal sinusoidal representado pela quantidade da sua magnitude e fase em relação a uma referência. Na figura da forma de onda sinusoidal representada na Fig. 1.1, a distância entre o pico sinusoidal do sinal e a referência temporal (por exemplo, tempo = 0) é definida como um ângulo de fase e é transferida para uma medida angular na representação fasorial

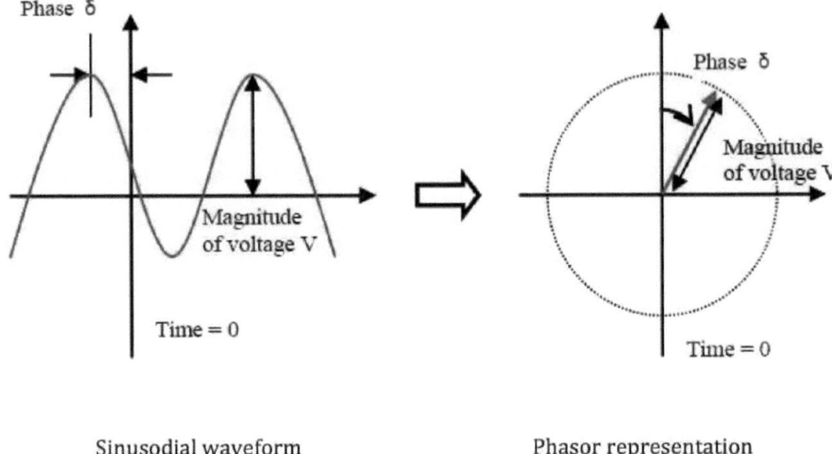

Fig 2.1 : Forma de onda sinusodial e sua representação fasorial

A tecnologia de fasores, incluindo a unidade de medição de fasores (PMU) [7], é uma tecnologia de medição valiosa no sistema elétrico para monitorizar o estado das redes de transporte e distribuição.

2.2 Necessidade de medições com sincrofasores

A medição do sincrofasor permite medir e analisar com precisão o estado do sistema de energia com base em dados em tempo real recolhidos a partir de unidades de medição de fasores localizadas em toda a rede. Através da recolha destes dados de fasores marcados com precisão no tempo, os controladores do sistema podem identificar rapidamente os eventos do sistema de energia através da visualização das quantidades do sistema, como o fluxo de energia, a separação dinâmica dos ângulos de fase e a taxa de alteração da frequência de diferentes partes do sistema. As medições sincronizadas tornam possível medir diretamente os ângulos de fase entre os fasores correspondentes em diferentes locais do sistema de energia. As capacidades melhoradas de monitorização e de ação corretiva permitem aos operadores de rede utilizar o sistema de energia existente de uma forma mais eficiente. A melhoria da informação permite acções de emergência rápidas e fiáveis, o que reduz a necessidade de margens de transmissão relativamente elevadas exigidas por potenciais perturbações do sistema elétrico.

2.3 Unidades de Medição de Fases (PMUs)

Hoje em dia, é possível tirar partido do sistema de posicionamento global (GPS) não só para calcular a posição exacta, mas também para obter informações horárias altamente precisas. Cada um dos satélites que orbitam a Terra tem um relógio atómico na placa, que produz a hora e a data exactas. Essa informação é enviada para a Terra com a mensagem GPS. Alguns dos dispositivos de medição modernos, como as unidades de medição fasorial, podem utilizar este sinal GPS para extrair a informação horária e utilizá-la para fins de medição. A figura 2.2 mostra os elementos comuns de que é composta uma PMU. Como sinal de entrada, podem ser utilizadas as tensões e correntes trifásicas provenientes do sistema elétrico. Após a conversão em sinais digitais, a PMU pode calcular os fasores tendo em conta a informação temporal. O dispositivo utiliza o impulso por segundo (PPS) como impulso de sincronização para começar a efetuar a medição e um circuito interno bloqueado por fase para fornecer impulsos para as medições durante um segundo, antes de chegar o próximo PPS. Cada uma das medições que saem da PMU contém a hora UTC e a data da medição efectuada. Isto torna possível comparar as medições efectuadas exatamente ao mesmo tempo em diferentes locais da rede, o que não era possível utilizando medições não sincronizadas. Além disso, novos parâmetros, como o ângulo de fase medido de forma sincronizada, podem ser implementados e utilizados para a estimativa de estado [8]

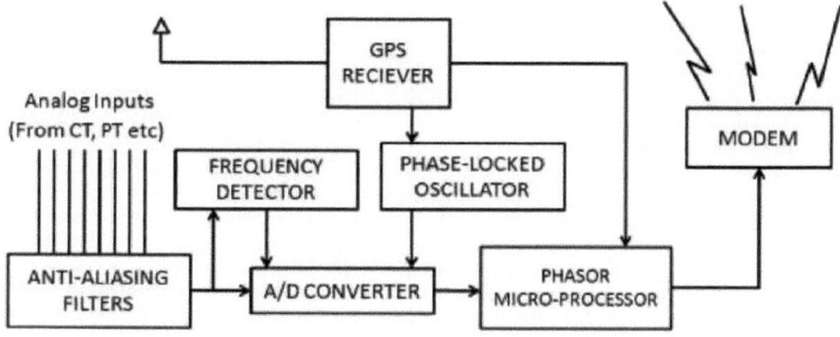

Fig 2.2 Componentes básicos da unidade de medição de fasores

2.3.1 Filtros anti-aliasing

O sinal de entrada obtido a partir de TCs e PTs contém harmónicas e ruído. É necessário filtrar o ruído e descobrir os componentes de frequência fundamental do sinal de entrada para que se possa efetuar o processamento posterior. O filtro anti-aliasing filtra o ruído indesejado e, em seguida, efectua a transformada discreta de Fourier do fasor de entrada para estimar a sua componente de frequência fundamental. Uma vez que o fasor de entrada pode estar a mudar, é necessário atualizar continuamente a estimativa do fasor. O filtro anti-aliasing faz isso pegando numa janela de amostras, estimando o fasor, adicionando a amostra mais recente à janela e eliminando a amostra mais antiga da janela deslocando a janela e, em seguida, estimando novamente o fasor. Desta forma, o fasor é atualizado continuamente.

As duas janelas são mostradas na Figura 2.3. O fasor 1 é o resultado da estimação do fasor na janela 1, enquanto o fasor 2 é calculado com os dados da janela 2. A primeira amostra da janela 1 está atrasada em relação ao pico da sinusoide por um ângulo φ, enquanto a primeira amostra da janela 2 (n = 1) está atrasada em relação ao pico por um ângulo (φ+ θ), sendo θ o ângulo entre as amostras. A Figura 2.3 mostra claramente que, em geral, o fasor obtido por esta técnica a partir de uma sinusoide constante de frequência nominal do sistema de potência terá uma magnitude constante e rodará no sentido contrário ao dos ponteiros do relógio por um ângulo θ à medida que a janela de dados avança uma amostra. Uma vez que os cálculos fasoriais são efectuados de novo para cada janela, sem utilizar quaisquer dados das estimativas anteriores, este algoritmo é conhecido como "algoritmo não recursivo". Os algoritmos não-recursivos são numericamente estáveis, mas são, de certa forma, um desperdício de esforço computacional, como se verá a seguir

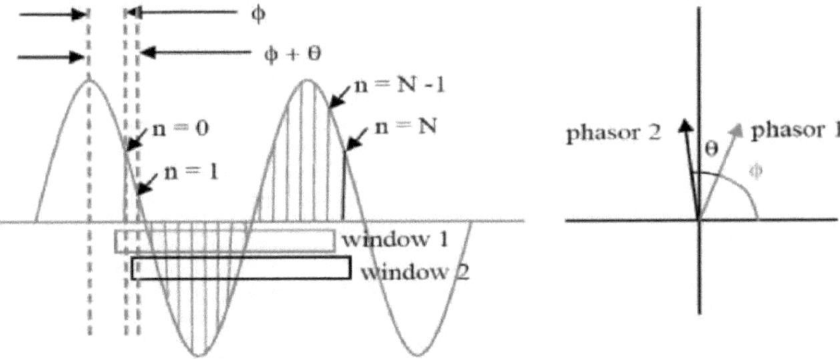

Fig 2.3: Atualização das estimativas de fasores com N janelas de amostragem

O fasor 1 é calculado com as amostras n = 0,...,N-1, enquanto o fasor 2 é calculado com as amostras n = 1,2,...,N. θ é o ângulo entre amostras sucessivas baseado no período da frequência fundamental. A Figura 2.4 (a) e (b) é outra vista do processo de estimação de fasores não recursivos. À medida que novas amostras são obtidas, a tabela de multiplicadores de seno e cosseno é movida para baixo para corresponder à nova janela de dados. Nesta figura, os multiplicadores são vistos como amostras de ondas senoidais e cossenoidais de magnitude unitária na freqüência nominal do sistema de potência. A nova janela de dados tem N - 1 amostras em comum com a janela de dados antiga. Na computação atual, estas são simplesmente armazenadas como tabelas de seno e cosseno, que são utilizadas repetidamente em cada janela, conforme necessário.

Neste exemplo, existem 12 amostras por ciclo da frequência de potência. Novos cálculos são feitos para cada nova janela à medida que novas amostras são obtidas. O fasor para um sinal de entrada constante roda no sentido contrário ao dos ponteiros do relógio pelo ângulo de amostragem, neste caso 30°.

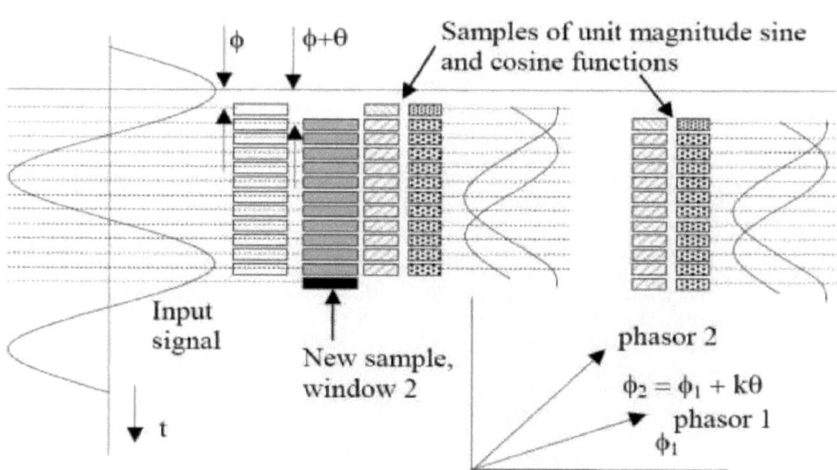

Fig 2.4: Estimativa de fasor não-recursiva

2.3.2 Os sistemas de posicionamento global por satélite (GPS)

O sistema GPS é composto por 24 satélites em seis órbitas a uma altitude aproximada de 10 000 milhas acima da superfície da Terra. Encontram-se, assim, aproximadamente a metade da altitude correspondente a uma órbita geo-síncrona. O posicionamento do plano orbital e o posicionamento dos satélites nas órbitas é tal que, num dado momento, pelo menos quatro satélites são visíveis de qualquer ponto da superfície da Terra. Frequentemente, são visíveis mais de seis satélites.

A utilização mais comum do sistema GPS é a determinação das coordenadas do recetor, embora para as PMUs o sinal mais importante seja o de um impulso por segundo. Este impulso, tal como é recebido por qualquer recetor na Terra, coincide com todos os outros impulsos recebidos com uma precisão de 1 microssegundo. Na prática, foram obtidas precisões de sincronização muito melhores - da ordem de algumas centenas de nanossegundos.

Os satélites GPS mantêm relógios precisos que fornecem o sinal de um impulso por segundo. A hora que mantêm é conhecida como hora GPS, que não tem em conta a rotação da Terra. As correcções à hora GPS são feitas nos receptores GPS para ter em conta esta diferença (correção do segundo bissexto), de modo a que os receptores forneçam a hora UTC. A identidade do pulso é definida pelo número de segundos desde o momento em que os relógios começaram a contar (6 de janeiro de 1980). A norma PMU utiliza a base de tempo UNIX com um contador de "segundo do século" (SOC) que começou a contar à meia-noite de 1 de janeiro de 1970.

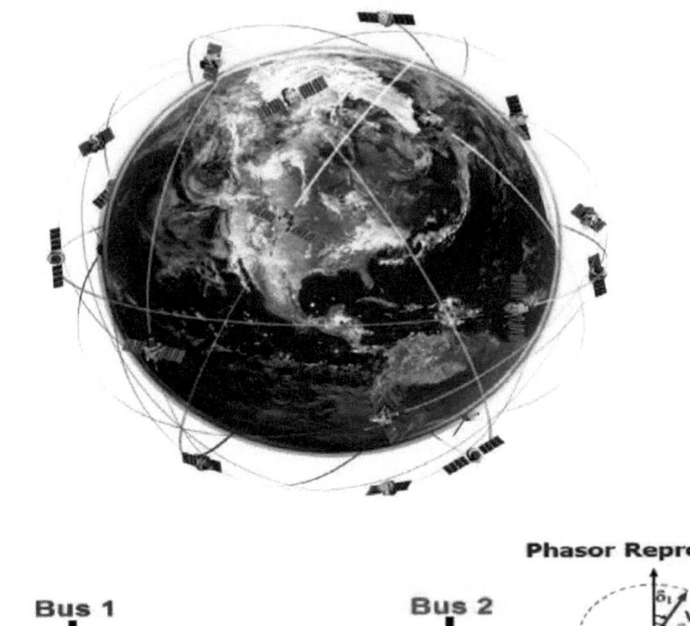

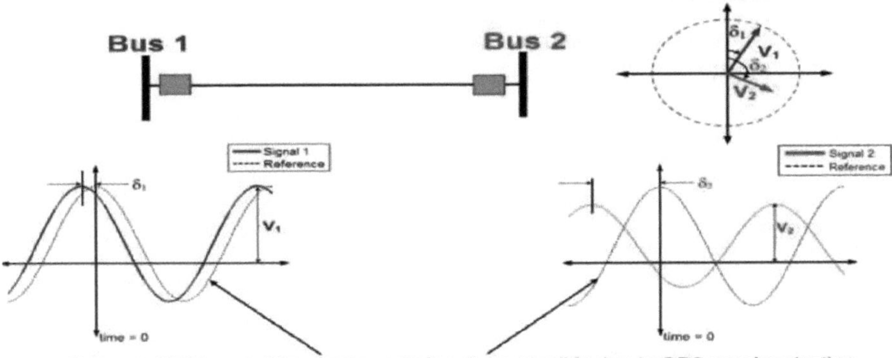

Fig 2.5 Representação da disposição dos satélites GPS

2.3.3 Concentrador de dados de fasores (PDC)

Recebe e sincroniza no tempo os dados fasoriais de múltiplas PMUs para produzir um fluxo de dados de saída alinhado no tempo e em tempo real. Um PDC pode trocar dados de fasores com PDCs noutros locais. Através da utilização de vários PDCs, podem ser implementadas várias camadas de concentração num sistema de dados sincrofasor individual. Um PDC forma um nó num sistema em que os dados de fasores de várias PMUs ou PDCs são correlacionados e alimentados como um único fluxo para outras aplicações. O PDC correlaciona os dados fasoriais por marcador de tempo para criar um conjunto de medições de todo o sistema. O PDC também fornece funções adicionais. Efectua várias verificações de qualidade dos dados fasoriais e insere os sinais adequados no fluxo de dados correlacionados. Verifica os sinais de perturbação e regista ficheiros de dados para análise. O também monitoriza o sistema de medição global e fornece um visor e um registo do desempenho. Pode fornecer uma série de saídas especializadas, tais como uma interface direta para um sistema SCADA ou EMS.

2.3.4 Concentrador de dados superfásicos (SPDC)

Numa arquitetura de rede de fasores ponto-a-ponto, o Super PDC é simplesmente um PDC central que recolhe e correlaciona os dados de fasores de todos os PDCs e PMUs remotos e os disponibiliza a um pacote de software de visualização, tal como descrito acima (Figura 2.6). Tipicamente, o Super PDC está também ligado a uma base de dados central para arquivo a longo prazo dos dados recolhidos.

Um Super PDC deve ter a capacidade de arquivar os dados, concentrá-los e enviá-los para os vários destinos, se for suficientemente rápido. O problema óbvio de armazenar localmente todos os dados seria a necessidade de utilizar grandes unidades de disco e de dispor de um sistema para transferir regularmente os dados fasoriais do disco completo para DVD para armazenamento permanente. Uma taxa de 30 ou 60 amostras por segundo enche muito rapidamente uma unidade de disco [9].

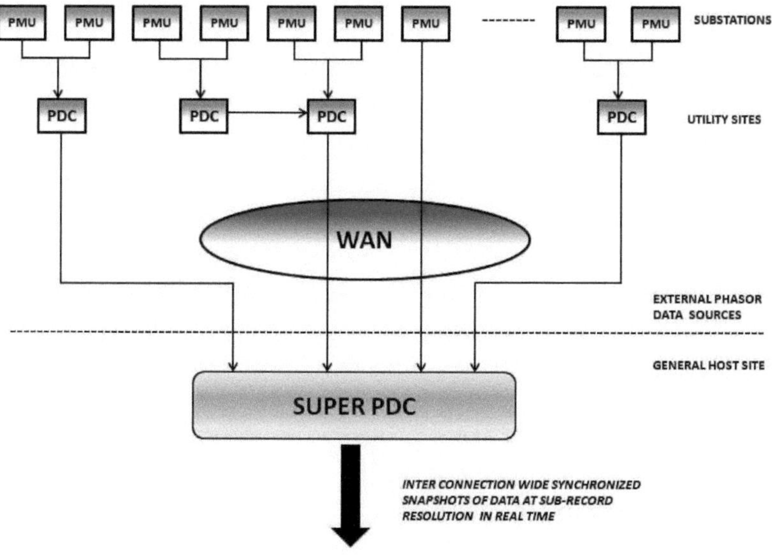

Fig 2.6: Um Super PDC na rede de fasores

Capítulo 3

Estimativa de estado baseada no filtro de Kalman

3.1 Introdução

Esta parte descreve o Filtro de Kalman, que é um método comummente utilizado para estimar os valores das variáveis de estado de um sistema dinâmico que é excitado por algumas perturbações (fonte de energia renovável, no nosso caso) e ruído de medição. O algoritmo do filtro de Kalman foi desenvolvido por Rudolf E. Kalman por volta de 1960 [10]. O filtro de Kalman é de dois tipos, um é a versão de tempo contínuo e o outro é a versão de tempo discreto. A vantagem da versão em tempo discreto sobre a versão em tempo contínuo é que a versão em tempo discreto pode ser facilmente manipulada com a ajuda da programação MATLAB. No nosso trabalho, implementámos o filtro de kalman do tipo discreto preditor-corretor para monitorizar a rede inteligente integrada renovável baseada em PMU através da estimativa dinâmica do estado.

3.2 Observabilidade no filtro de Kalman

Uma condição necessária para que o Filtro de Kalman funcione corretamente é que o sistema para o qual os estados devem ser estimados seja observável. Por conseguinte, é muito importante verificar a observabilidade antes de aplicar o filtro de Kalman [11].

A observabilidade de sistemas de tempo discreto pode ser definida da seguinte forma [19]: O sistema de tempo discreto

$$x(k + 1) = Ax(k) + Bu(k) \tag{3.1}$$

$$y(k) = Cx(k) + Du(k) \tag{3.2}$$

é observável se existir um número finito de passos de tempo k que permita conhecer a sequência de entrada u(0), . . . , u(k - 1) e a sequência de saída y(0), . . . y(k - 1) seja suficiente para determinar o estado inicial do sistema, x(0).

A condição de observabilidade é muito importante porque a não observabilidade tem várias consequências:

- A função de transferência da variável de entrada y para a variável de saída y tem uma ordem que é inferior ao número de variáveis de estado (n).
- Existem variáveis de estado ou combinações lineares de variáveis de estado que não apresentam qualquer resposta.

- O valor em estado estacionário do ganho do filtro de Kalman não pode ser calculado. Este ganho é utilizado para atualizar as estimativas de estado a partir de medições do sistema (real).

3.3 Algoritmo de estimação de estado de Kalman

1. Este passo é o passo inicial, e as operações aqui são executadas apenas uma vez. Assume-se que a estimativa inicial do estado é x_{init}. O valor inicial $x_p(0)$ da estimativa do estado previsto x_p (que é calculado continuamente como descrito abaixo) é definido como igual a este valor inicial:

Estimativa do estado inicial

$$x_p(0) = x_{init} \qquad (3.3)$$

2. Calcular a estimativa de medição prevista a partir da estimativa de estado prevista:

Estimativa de medição prevista:

$$x_p(k) = g\ [x_p(k)] \qquad (3.4)$$

(Assume-se que os termos de ruído Hv(k) e w(k) não são conhecidos ou são imprevisíveis (uma vez que são ruído branco), pelo que não podem ser utilizados no cálculo da estimativa da medição prevista).

3. Calcular o chamado processo ou variável de inovação - na verdade, é o erro de estimativa da medição - como a diferença entre a medição y(k) e a medição prevista y_p (k):

Variável de inovação:

$$e(k) = y(k) - y_p(k) \qquad (3.5)$$

4. Calcular a estimativa do estado corrigido x_c(k) adicionando o termo corretivo k_e(k) à estimativa do estado previsto x_p (k):

Estimativa estatal corrigida:

$$x_c(k) = x_p(k) + k_e(k) \qquad (3.6)$$

Aqui, K é o ganho do filtro de Kalman. O cálculo de K é descrito a seguir.

Nota: É x_c (k) que é utilizado como estimativa de estado nas aplicações. A estimativa corrigida é também designada por estimativa a posteriori porque é calculada após a realização da medição atual. É também designada por estimativa actualizada da medição.

5. Calcular a estimativa do estado previsto para o passo de tempo seguinte, $x_p(k + 1)$, utilizando a estimativa do estado atual x_c (k) e a entrada conhecida u(k) no modelo do processo:

Estimativa do estado previsto:

$$x_p(k+1) = f\,[x_c(k), u(k)] \tag{3.7}$$

As equações 3.3 a 3.7 podem ser representadas pelo diagrama de blocos mostrado na Figura 3.1

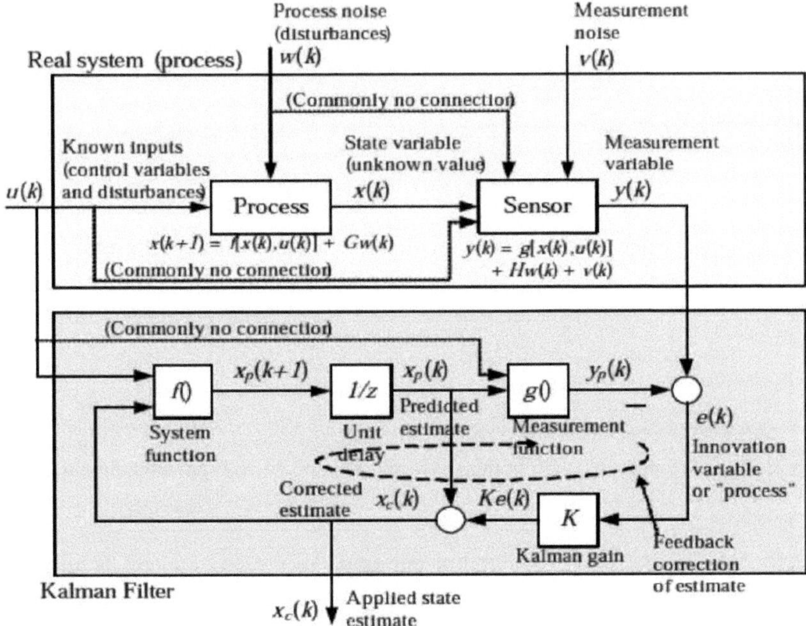

Figura 3.1: O algoritmo do filtro de Kalman (3.3) - (3.7) representado por um diagrama de blocos[12]

3.4 O papel de kalman na estimativa do estado dinâmico

O filtro de Kalman baseia-se em sistemas dinâmicos lineares e não lineares discretizados no domínio do tempo. Um vetor de números reais representa o estado do sistema. Em cada incremento de tempo discreto, um novo estado é gerado aplicando um operador linear, com algum ruído adicionado. Em seguida, os estados observados são gerados usando outro operador linear com algum ruído adicionado, geralmente chamado de ruído de medição [13].

Para utilizar o filtro de Kalman na estimação de estados, estados internos de uma fonte distribuída onde apenas uma sequência de observações ruidosas são conhecidas como entradas, a dinâmica da fonte intermitente (energia renovável) é modelada de acordo com a representação do espaço de estados do filtro de Kalman. Isto significa que a especificação das seguintes matrizes: o modelo de transição de estado, o modelo de observação, a covariância do ruído do processo, a covariância do ruído da observação e, por vezes, o modelo de controlo-entrada para cada passo de tempo torna-se muito importante. Um algoritmo completo de estimação dinâmica do estado com o preditor-corretor de Kalman é discutido no próximo capítulo para explicar o impacto da PMU na rede inteligente integrada baseada em energias renováveis.

Capítulo 4

Modelação dinâmica e estimativa

4.1 Introdução

O sistema elétrico é considerado um sistema quase estático. Por conseguinte, as alterações no sistema ocorrem lentamente. Isto significa que o estado pode não variar muito num curto espaço de tempo. Mas, por vezes, torna-se muito importante monitorizar de perto o sistema, por exemplo, durante a captação de carga por um gerador ou durante uma contingência [14]. Os sistemas SCADA, que permitem a monitorização em tempo real e o controlo dos sistemas de energia, captam os dados de campo através de sensores e transmitem-nos ao centro de controlo em intervalos regulares de tempo. Para se ter um sistema de monitorização em tempo real, a estimativa do estado deve ser efectuada à medida que cada novo conjunto de dados chega. Mas como a estimativa do estado é computacionalmente pesada (especialmente à medida que o tamanho do sistema aumenta), muitos centros de controlo não terão recursos computacionais suficientes para efetuar uma estimativa precisa e rápida do estado com uma frequência tão elevada. Mas se a duração entre duas estimativas for demasiado grande, resulta numa correlação de uma semana entre os estados estimados, tornando muito difícil a deteção de dados incorrectos. Por conseguinte, a estimação do estado por seguimento é utilizada para dar o resultado da estimação com um atraso e para acompanhar o resultado [15]. A diferença entre os estimadores estáticos e de seguimento pode ser compreendida pelo diagrama de blocos apresentado na Fig. 4.1. O estimador de estado de seguimento limita-se a adicionar ao valor existente do vetor de estado para dar a estimativa num instante atrasado e não necessita da execução completa do algoritmo de estimação de estado nesse instante. Assim, o seguimento permite uma monitorização fácil e bastante precisa do sistema de energia em tempo real

4.2 Processamento de medições através do rastreio

As medições que chegam ao centro de controlo através do sistema SCADA podem ser processadas através de dois métodos. Se a taxa de varrimento de todo um conjunto de medições num determinado momento for inferior ao tempo mínimo que o sistema de energia leva para mudar de estado (τ), então podemos processar todas as medições de uma só vez, ou seja, as medições são lidas no programa de estimativa de estado como um vetor. Este método é designado por processamento instantâneo de medições. Mas se a taxa de processamento das medições for superior a (τ), então, na altura em que todo o conjunto de dados for digitalizado, o sistema de energia terá mudado, tornando a estimativa redundante. Assim, processamos as medições à medida que chegam ao centro de controlo e actualizamos a estimativa. Este método é designado por processamento sequencial das medições [16]

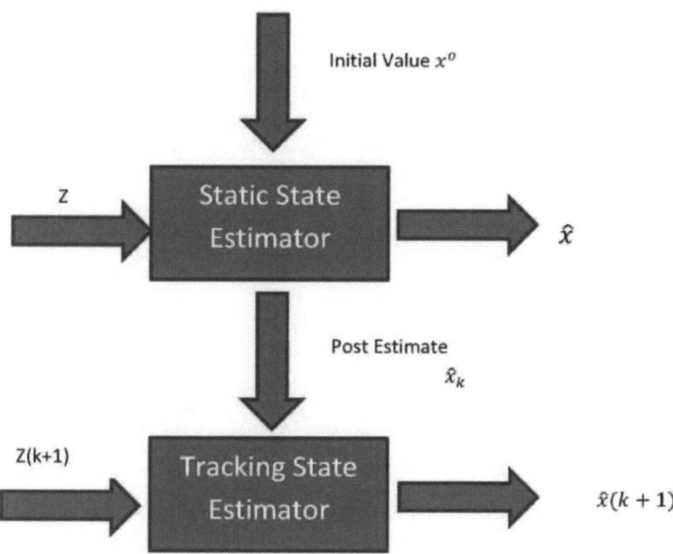

Fig. 4.1: Comparação entre os estimadores de estado estático e de seguimento

4.3 Modelação matemática para rastreio

As medições obtidas através do sistema SCADA incluem medições de injeção, medições de fluxo de linha, medições de tensão e, por vezes, medições de magnitude de corrente. Estas medições têm de ser representadas por um modelo matemático para poderem ser processadas pelo algoritmo de estimação. O vetor de medida é representado como:

$Z = Hx + V$

Em que Z é o vetor de medida (m x 1), H é o jacobiano da função de medida em relação aos vectores de estado (m x n), "x" é o vetor de estado (n x 1) e "V" (m x 1) é o fator de erro gaussiano de média zero na medida. Aqui "m" é o número de medições e "n" é o número de estados. Uma vez que a estimativa do estado de seguimento, ao contrário da estimativa do estado estático, tem um fator de tempo associado, temos de considerar o modelo matemático para a atualização temporal do vetor de estado. Como assumimos que o estado do sistema de potência muda muito pouco num curto espaço de tempo, podemos simplesmente atualizar a estimativa antiga do estado (no instante de tempo anterior) para obter o novo valor do estado num instante, após um curto intervalo de tempo. Para pequenos intervalos de tempo, assume-se que o estado se altera linearmente e, portanto, se conhecermos a estimativa $(\hat{x}_k)$ no instante 't', e com a chegada das medições

Em t+1' (t+1 = t + Δt), podemos simplesmente atualizar x_k, como:

$$\hat{x}_{k+1} = \hat{x}_k + \Delta x \qquad (4.1)$$

Aqui, Δx representa a alteração do estado devido às alterações sofridas pelo sistema elétrico durante o intervalo de tempo entre os instantes 'k' e 'k+1'. A fórmula para Δx depende do método utilizado para a estimação do estado de seguimento. Se for utilizado um método WLS simples, então ele é dado por:

$$\Delta x = G_K^{-1} H_K^T R^{-1} [Z_{K+1} - h(x_k)] \qquad (4.2)$$

Substituindo este valor na equação (2), obtém-se:

$$\hat{x}_{k+1} = \hat{x}_k + G_K^{-1} H_K^T R^{-1} [Z_{K+1} - h(x_k)] \qquad (4.3)$$

Onde G = $[H^{-1}R^{-1}H_k$ é chamada de matriz de informação, que permanece constante. Assim, a pesada matriz G e a sua inversa são calculadas apenas uma vez, enquanto a estimativa é actualizada à medida que chegam as novas medições. Pode ver-se claramente que a estimativa de rastreio permite uma atualização fácil do vetor de estado existente sem operações muito complexas do ponto de vista computacional.

A estimativa de rastreamento desempenha seu papel entre dois instantes de execução predefinidos da estimativa estática. Ou seja, a estimativa do estado estático será realizada no centro de controlo em intervalos regulares ou quando houver alterações suficientes no sistema elétrico. Mas estes dois instantes estão separados por uma grande quantidade de tempo. A estimativa de rastreamento ajuda o centro de controlo a monitorizar o sistema de energia entre estes dois instantes de tempo. Além disso, como se pode ver nas equações acima, o seguimento ajuda a obter uma atualização em tempo real do sistema sem ter de efetuar toda a estimação do estado. O conceito de seguimento considera o estimador como um circuito de realimentação digital que utiliza as novas medições para obter novas estimativas, corrigindo uma estimativa antiga através de um sinal de ganho de realimentação, que funciona através de uma matriz de ganho [17].

Segue-se um breve resumo das vantagens dos estimadores de estado de seguimento:

- O acompanhamento contínuo do sistema ajuda o operador do sistema a tomar melhores decisões em caso de emergência.

- As técnicas propostas são computacionalmente mais leves e, por conseguinte, podem ser facilmente implementadas em linha

- Algumas das técnicas de estimativa do seguimento propostas têm um bom desempenho mesmo em caso de perda de informação, de dados incorrectos ou de mau condicionamento, o que torna o sistema mais robusto.

• Se a análise das medições demorar mais tempo (especialmente em grandes redes), podem ser utilizadas técnicas de processamento sequencial para obter uma atualização em tempo real do sistema

4.4 Estimativa dinâmica de estado

Os modelos pseudo-dinâmicos nos algoritmos de estimação do estado da rede de rastreio baseiam-se na correlação do estado da rede entre instantâneos, mas não explicam a razão pela qual essa correlação existe. Olhando para o sistema elétrico como um todo, é evidente que o sistema contém muitos componentes ligados aos barramentos da rede. Muitos desses componentes são grandes máquinas rotativas (gerador e compensador) que têm constantes de tempo da ordem de cinco a dez segundos. Outros componentes são pequenas cargas comutadas que, quando consideradas no seu conjunto, aparecem como uma grande carga afetada por uma pequena perturbação. Estes dois tipos de componentes contribuem para a inércia necessária para que os algoritmos de estimação do estado da rede de rastreio funcionem eficazmente. Existem modelos normalizados para estes componentes de barramento, que podem ser incorporados num estimador dinâmico do estado da rede baseado em modelos para o sistema de energia eléctrica.

Para ilustrar estes conceitos, foi explicado um sistema simples de três barramentos, em que o barramento 1 e o barramento 2 são barramentos de geradores e o barramento 3 é considerado o barramento de carga [18]

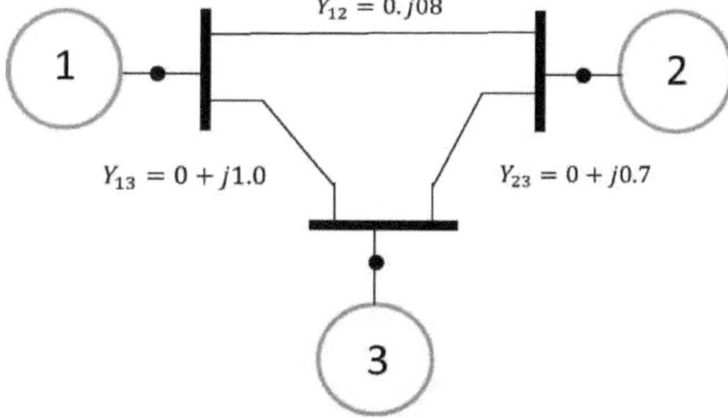

Fig 4.2: Um sistema simples de 3 barramentos

Em cada barramento da rede, é modelada a dinâmica do sistema nesse barramento específico. Representamos o vetor de estado dinâmico no barramento i como x_i.

Neste caso, surgem duas condições diferentes:

• Se os componentes de um barramento forem essencialmente constituídos por componentes de carga, o sistema dinâmico toma como entradas (u) as variações da carga externa e a injeção de potência da rede.

- Se os componentes forem essencialmente constituídos por produção, recebem como entrada os valores nominais do gerador externo e a injeção de potência da rede.

Apresenta-se de seguida o modelo dinâmico para um sistema de componentes constituído essencialmente pela produção:

$$\frac{d}{dt}\begin{bmatrix}\Delta a\\ \Delta\omega_r\\ \Delta P_m\\ \Delta\delta\end{bmatrix}=\begin{bmatrix}-kR & k & 0 & 0\\ 0 & -D/M & 1/M & 0\\ 1/T_{CH} & 0 & -1/T_{CH} & 0\\ 0 & 1 & 0 & 0\end{bmatrix}\begin{bmatrix}\Delta a\\ \Delta\omega_r\\ \Delta P_m\\ \Delta\delta\end{bmatrix}+\begin{bmatrix}-k & -k\\ 0 & 0\\ 0 & 0\\ 0 & 0\end{bmatrix}\begin{bmatrix}\Delta\omega_0\\ L_{ref}\end{bmatrix}+\begin{bmatrix}0\\ -1/M\\ 0\\ 0\end{bmatrix}[\Delta P_E], \quad (4.4)$$

em que Δa é a posição diferencial da válvula do motor primário, $\Delta\omega_r$ é a frequência diferencial do veio do gerador, ΔP_m é a potência mecânica diferencial e é a divergência da posição absoluta do veio do gerador em relação à nominal. Os parâmetros são: k, ganho de realimentação do regulador; R, caraterística de estatismo; D, caraterística de amortecimento do rotor do gerador; M, inércia rotacional do gerador; e T_{ch}, constante de tempo de inércia do fluxo do motor principal. As entradas são: ΔP_L, valor da carga diferencial exógena; $\Delta\omega_0$, setpoint diferencial de frequência; e L_{ref}, setpoint de ajuste da carga exógena.

Do mesmo modo, uma carga agregada que contenha máquinas rotativas pode ser representada como:

$$\frac{d}{dt}\begin{bmatrix}\Delta\omega_r\\ \Delta P_L\\ \Delta\delta\end{bmatrix}=\begin{bmatrix}-D/M & -1/M & 0\\ 0 & 0 & 0\\ 1 & 0 & 0\end{bmatrix}\begin{bmatrix}\Delta\omega_r\\ \Delta P_L\\ \Delta\delta\end{bmatrix}+\begin{bmatrix}0\\ 1\\ 0\end{bmatrix}[P_L^{\text{rate}}]+\begin{bmatrix}1/M\\ 0\\ 0\end{bmatrix}[\Delta P_E], \quad (4.5)$$

Onde P_L^{rate} é a taxa de variação da Carga.

O modelo linear para um sistema dinâmico no barramento i é então $\dot{x}=A_i x_i+B_i^{(u)}u_i+B_i^{(P)}\Delta P_{Ei}$ onde u_i indica as entradas externas e $\Delta P_{\varepsilon i}$ indica a injeção de potência diferencial em torno de um dado ponto de funcionamento de equilíbrio nesse barramento.

Para o exemplo de três barramentos mostrado na figura 3.1, tomamos os parâmetros para o componente no barramento um, modelado como um gerador (4.4), são: D = 1,5,T_{ch} = 0,2, R = 0,05, M = 10, K = 1/(0,2R) = 100, produzindo um modelo dinâmico do componente de :

$$\frac{d}{dt}\begin{bmatrix}\Delta a\\ \Delta P_m\\ \Delta\omega_r\\ \Delta\delta\end{bmatrix}=\begin{bmatrix}-5 & 0 & 125 & 0\\ 0.3 & -0.3 & 0 & 0\\ 0 & -0.2 & -0.3 & 0\\ 0 & 0 & 1 & 0\end{bmatrix}\begin{bmatrix}\Delta a\\ \Delta P_m\\ \Delta\omega_r\\ \Delta\delta\end{bmatrix}+\begin{bmatrix}0 & 0\\ 1 & 0\\ 0 & -0.2\\ 0 & 0\end{bmatrix}\begin{bmatrix}\Delta\omega_0\\ L_{ref}\end{bmatrix}+\begin{bmatrix}0\\ 0\\ -0.2\\ 0\end{bmatrix}[\Delta P_E], \tag{4.6}$$

Agora Os parâmetros para o componente no barramento três, modelado como uma carga (4.5), são: D = 1,5, M = 1, produzindo um modelo dinâmico do componente :

$$\frac{d}{dt}\begin{bmatrix}\Delta P_L\\ \Delta\omega_r\\ \Delta\delta\end{bmatrix}=\begin{bmatrix}0 & 0 & 0\\ -1 & -1.5 & 0\\ 0 & 1 & 0\end{bmatrix}\begin{bmatrix}\Delta P_L\\ \Delta\omega_r\\ \Delta\delta\end{bmatrix}+\begin{bmatrix}1\\ 0\\ 0\end{bmatrix}[P_L^{\mathrm{rate}}]+\begin{bmatrix}0\\ -1\\ 0\end{bmatrix}[\Delta P_E], \tag{4.7}$$

Cada um dos modelos dinâmicos de componentes descritos no exemplo dado que tomámos pode ser escrito como :

$$\dot{x}_i = A_i x_i + B_i u_i \tag{4.8}$$

em que o subscrito (i) indica o barramento aplicável. A equação de saída é expressa da mesma forma que

$$y_i = c_i x_i \tag{4.9}$$

A equação (4.8) e a equação (4.9) são as principais equações sobre as quais será efectuada a modelação da dinâmica.

4.5 Modelação da dinâmica do sistema

O modelo completo do sistema dinâmico é construído através da combinação dos modelos componentes da seguinte forma:

$$x_s = [x_1^t,\ \ x_2^t\ \ ...\ x_n^t]$$

$$u_s = [u_1^t,\ \ u_2^t\ \ ...\ u_n^t]^T$$

$$\mathrm{P} = [\Delta P_{E1}\ \Delta P_{E2}\ \ ...\ \ \Delta P_{En}]$$

$$A_S = blockdiag\ (A_{1,}\, A_2\, , ...\, A_n\,)$$

$$B_S^{(u)} = blogdiag\ (B_1^{(u)}, B_2^{(u)}, ...\, B_n^{(u)})$$

$$B_S^{(p)} = blogdiag\ (B_1^{(p)}, B_1^{(p)}, ...\, B_n^{(p)})$$

Continuando com o exemplo dos três barramentos que utilizámos para definir os contantes, as equações (4.5), (4.6) e (4.7) são combinadas para obter o vetor de estado composto em termos de ângulos absolutos como :

$$\mathbf{x}_s = [\Delta a_1, \Delta P_{m1}, \Delta\omega_{r1}, \Delta a_2, \Delta P_{m2}, \Delta\omega_{r2}, \Delta P_{L3}, \Delta\omega_{r3}, \delta_2, \delta_3]^T$$

A matriz de transição de estado forma-se como a matriz diagonal que combina os 'A_s' de todas as três equações.

4.4.1 Acoplamento da dinâmica do sistema na rede

O modelo dinâmico do sistema é, portanto, acoplado da seguinte forma

$$\dot{x}_s = A_s x_s + B_S^{(P)} P + B_S^{(u)} u$$

$$\dot{x}_s = A_s x_s + B_S^{(P)} BS x_s + B_S^{(u)} u$$

Em que P = BSx_s

$$\dot{x}_s = (A_s + B_S^{(P)} BS) x_s + B_S^{(u)} u \tag{4.10}$$

A conversão de (4.10) para tempo discreto produz uma equação de sistema dinâmico na forma

$$x_{(K+1)} = A_d x_k + B_d u_k$$

Estas equações ajudam no acoplamento do modelo dinâmico na grelha, que será mostrado no capítulo 5 do trabalho efectuado (colocando estas equações na programação MATLAB).

4.4.2 Estimativa dinâmica com medições adicionais

Uma vantagem adicional de modelar a dinâmica desta forma é o facto de abrir a porta à incorporação de medições adicionais. Por exemplo, uma vez que este modelo (tal como mostrado no exemplo anterior) incorpora informações sobre a produção, uma medição da potência mecânica fornecida a um gerador também pode ser incorporada e pode melhorar a precisão do resultado da estimativa do estado. Continuando com o exemplo dos três barramentos, suponha que está disponível uma medição direta de P_{L3}. Este elemento do vetor de estado pode agora ser removido do estado e incorporado como uma entrada no barramento três como:

$$\frac{d}{dt}\begin{bmatrix} \Delta\omega_r \\ \delta \end{bmatrix} = \begin{bmatrix} -D/M & 0 \\ 1 & 0 \end{bmatrix}\begin{bmatrix} \Delta\omega_r \\ \delta \end{bmatrix} + \begin{bmatrix} -1/M \\ 0 \end{bmatrix}[P_{L3}] + \begin{bmatrix} 1/M \\ 0 \end{bmatrix}[\Delta P_E] \tag{4.11}$$

A equação (4.5) pode ser substituída pela equação (4.11), uma vez que nesta equação as entradas do gerador ou do compensador, que é utilizado no modelo principal desta tese, podem ser alteradas ou variadas, o que ajuda a mostrar uma melhor monitorização da dinâmica, bem como a forma como a PMU ajuda a estimar melhor o estado dinâmico.

4.6 Formulação da estimativa dinâmica do estado

O objetivo da estimativa do estado dinâmico é encontrar o valor esperado para o estado dinâmico dadas as medições e o valor a priori do estado dinâmico dado pela estimativa do estado dinâmico anterior e a entrada. O estimador de estado dinâmico é optimizado de acordo com os seguintes objectivos: o valor esperado do erro de estimativa do estado dinâmico deve ser zero $E\{e\} = E\{\hat{x} - x\} = 0$, e a variância do erro de estimativa do estado dinâmico $E\{e^T e\} = \text{trace}(E\{ee^T\})$ deve ser minimizada. O filtro de Kalman fornece uma solução óptima para esta formulação do estimador de estado dinâmico dado um sistema linear com ruído branco gaussiano aditivo [19]. Ele é formulado da seguinte forma:

Processo e modelo de medição

Dynamic model: $x_{(k)} = A\, x_{k+1} + Bu_{k+1} + w_{k+1}$ (4.12)

Measurement model: $z_k = h(x_k) + v_k$ (4.13)

Valores iniciais:

State Estimation Error: $e_k = x_{k/k} - x_k$ (4.14)

Initial State Estimate: $\dot{\hat{x}}_{(0)} = E\,\{x_0\}$ (4.15)

Measurement Error Covariance: $V = E\,\{vv^T\}$ (4.16)

Process Noise Covariance: $W = E\,\{ww^T\}$ (4.17)

Previsão:

Predicted State : $\hat{x}_{k/(k-1)} = A\hat{x}_{k/(k-1)} + Bu_{k-1}$ (4.18)

Predicted State Error Covariance: $P_{K/(K-1)} = AP_{K/(K-1)}A^T + BWB^T$ (4.19)

Correção:

Kalman Gain: $K_k = P_{K/(K-1)}\ H^T\ (H\ P_{K/(K-1)}\ H^T + V)^{-1}$ (4.20)

Corrected State: $\hat{x}_{k/k} = \hat{x}_{k/(k-1)} + K_k\ (z_k - \mathrm{h}\ (x_{k/(k-1)}))$ (4.21)

Corrected State Error Covariance: $P_{(K/K)} = (I - K_k H) P_{K/(K-1)}$ (4.22)

4.7 Metodologia para a estimativa do estado dinâmico

O estimador de estado dinâmico é implementado da seguinte forma.

1. Inicializar o estado dinâmico e a matriz de covariância do erro do estado dinâmico. A estimativa do estado dinâmico $x_{k/0}$ e a matriz de covariância do erro do estado dinâmico $P_{k/0}$ são inicializadas da seguinte forma. O **estado dinâmico** correspondente ao estado da rede é inicializado para ser igual ao valor retornado pelo **estimador de estado estático**. Se houver informações adicionais de inicialização sobre o valor inicial do estado dinâmico, elas também são incorporadas nesse momento. O restante da matriz de covariância de erro do estado dinâmico é inicializado como uma matriz de covariância de erro de estado não correlacionado arbitrariamente grande para corresponder a a incerteza nas iniciais do estado dinâmico.

2. Prever o estado dinâmico. Utilizando o modelo do sistema dinâmico e o conhecimento das entradas de condução, efetuar o passo de previsão da estimativa dinâmica como descrito acima. É calculado um valor para a estimativa prevista do estado dinâmico e para a covariância do erro .

3. Processar novas medições através do estimador de estado estático da rede. À medida que novas medições ficam disponíveis, processe-as através do estimador de estado estático da rede para calcular uma nova estimativa estática para o estado da rede

4. Atualizar o estado dinâmico. Utilizando a nova saída do estimador de estado estático, é feita uma correção à previsão do estado dinâmico. O resultado é um valor atualizado para a estimativa do estado dinâmico ^x(k/k) e para a matriz de covariância do estado dinâmico ^P(k/k), conforme descrito nas equações acima.

5. Avançar para o passo 3

Fluxograma da estimativa do estado dinâmico com medição convencional

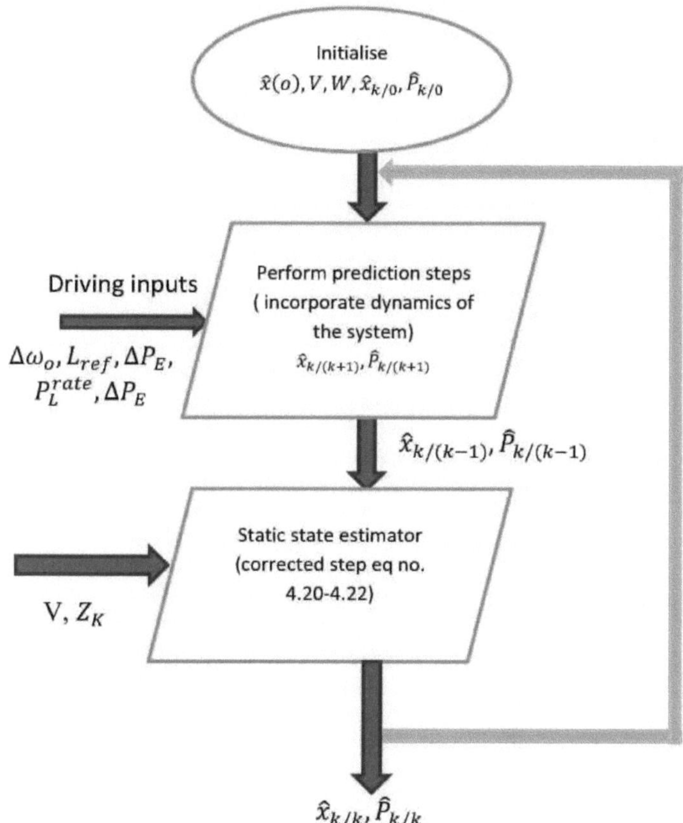

Das equações 5.18 a 5.22, quando a covariância v do ruído de medição é grande, o ganho de Kalman diminui, o que fará com que o passo corretor dê mais peso ao valor previsto e, quando o ruído de medição diminui, o ganho de Kalman aumenta e o algoritmo dará mais peso ao passo corretor.

Agora, no caso das entradas da PMU para as mesmas equações (5.18 a 5.22), a covariância do ruído de medição v é pequena, pelo que o ganho de kalman aumenta e dará mais peso ao valor do ganho de kalman em comparação com o valor previsto. Uma vez que a medição da PMU é precisa (menor covariância de ruído), espera-se que a etapa de correção produza estimativas precisas do estado da rede.

Fluxograma da estimativa do estado dinâmico com medição da PMU

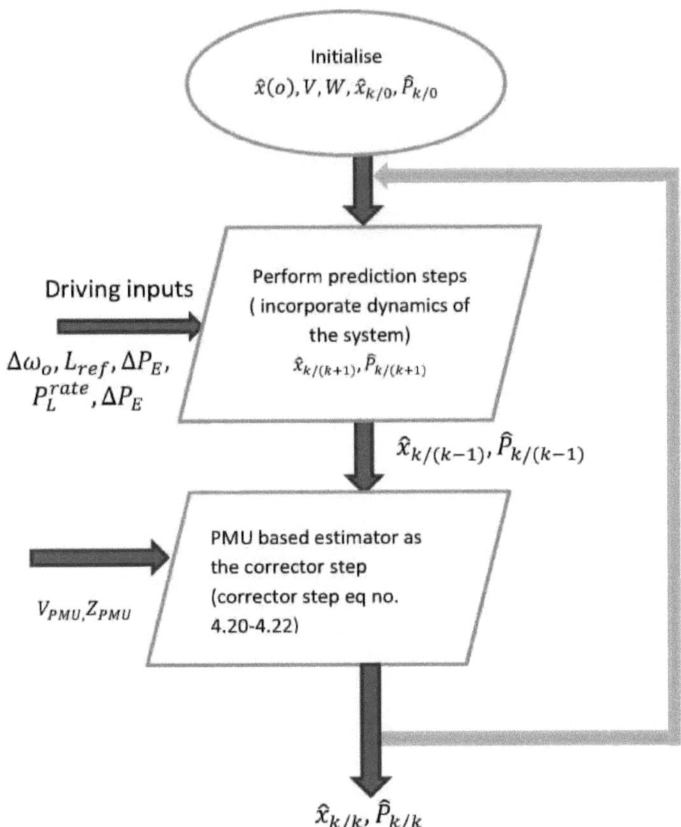

Capítulo 5

Trabalho efectuado e resultados

Como foi referido nos capítulos anteriores, o objetivo deste trabalho é monitorizar o estado renovável de uma rede inteligente integrada com base em PMU. A monitorização foi feita com base nas técnicas de rastreio e de estimação do estado dinâmico. O principal objetivo deste trabalho é que se pode constatar que, quando qualquer fonte renovável (energia distribuída) é integrada na rede, causa alguma perturbação em toda a rede, uma vez que estas fontes intermitentes são muito flexíveis e as suas saídas mudam muito com o tempo. Por exemplo, a energia eólica não permanece a mesma durante todo o tempo e, se falarmos da central solar, a sua produção varia com o tempo e com o clima.

Assim, durante a estimação do estado, pode ver-se que o seguimento e a estimação dinâmica do estado da tensão ou do ângulo de tensão são excelentes se uma PMU estiver ligada à rede em qualquer local específico. Para o efeito, o algoritmo de estimação de estado é testado em sistemas de teste de barramentos IEEE-14 através do desenvolvimento de códigos em MATLAB®. Obtêm-se resultados dos testes dos códigos MATLAB® e discute-se a forma como a PMU melhora os resultados da estimação, bem como o seguimento das medições quando se efectua a estimação do estado de seguimento e a estimação do estado dinâmico.

Resultados da estimativa do estado do tipo de seguimento:

Para mostrar a importância da PMU na integração da fonte renovável na rede inteligente, foram efectuadas estimativas de estado dinâmico e de rastreio com e sem PMU. No nosso trabalho, para obter o valor real, tanto o modelo do simulador como o fluxo de carga newton raphson são utilizados. Os conjuntos de medições também são gerados por ambos:

1) Diretamente do modelo de simulação.

2) Execução da solução de fluxo de carga newton raphson para cargas variáveis em diferentes instantes de variação.

Os fluxos de potência, as injecções, a tensão, os fluxos de corrente, os ângulos de corrente são então escolhidos em função das medições que pretendemos integrar.

Os resultados da estimativa do estado de seguimento são os seguintes:

Resultados da estimativa do estado de seguimento:

i) Por modelo Simulink:

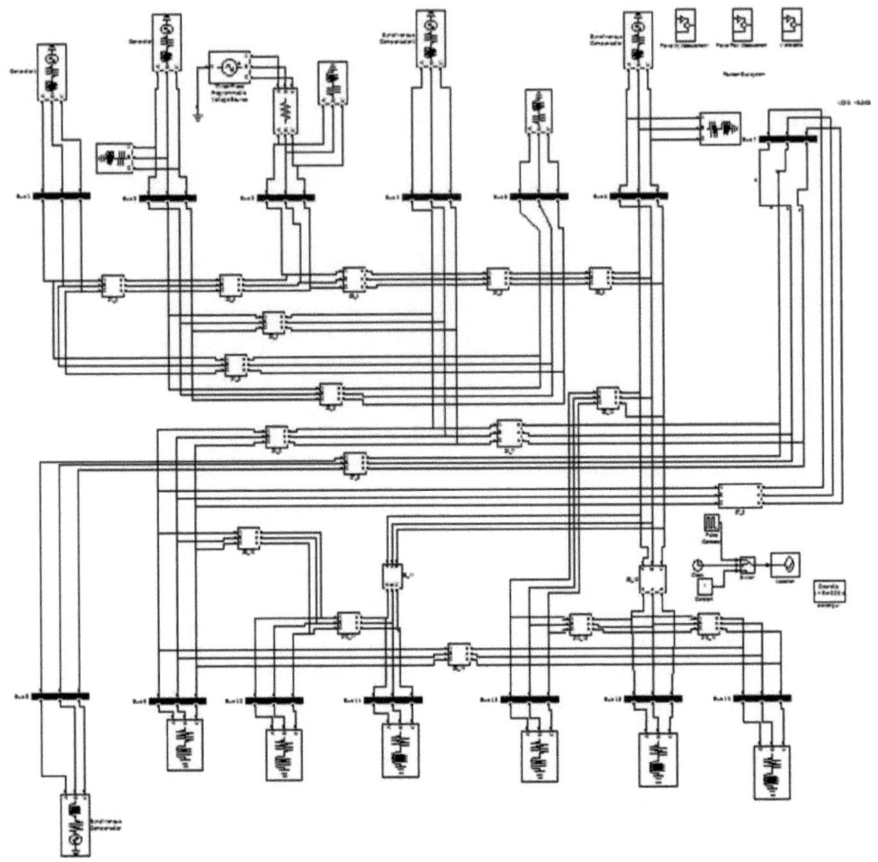

FIG 5.1: Sistema de barramento IEEE 14

Algoritmo de estimação de estado do tipo tracking baseado no modelo Simulink

i) O modelo é executado com os nós nas tensões nominais e as gerações de energia e a carga nos seus valores nominais, conforme indicado no arquivo do sistema elétrico [16]. (também apresentado em apêndice)

ii) As medições são efectuadas para diferentes fluxos de potência, injecções de potência, tensões, fluxos de corrente, ângulos de corrente, ângulos de tensão a partir do modelo do sistema de aquisição de dados, conforme indicado na tabela 5.8.

iii) Inicializar o modelo com

a) matriz de medição (z).

b) dados de linha.

c) matriz de variância de medição.

$\sigma_{V\,Conv} = 0.03\, p.u,$

$\sigma_{V\,PMU} = \sigma_{I\,PMU} = 0.002\, p.u,$

$\sigma_{Pf} = \sigma_{Pi} = 0.02\, p.u$

$\sigma_{\theta\,PMU} = \sigma_{\delta PMU} = 0.0017\, p.u$

iv) Ligar uma fonte renovável (parque eólico ou central solar) ao barramento 3. Esta fonte intermitente introduzirá uma perturbação no barramento 3. Esta perturbação resulta no aumento em rampa da magnitude da tensão.

v) Para cada passo de tempo $\Delta t = 0{,}0005\, s$, os valores medidos de todas as medições (z) são enviados para o programa (programa de estimação do estado de seguimento). Adiciona-se ruído gaussiano de magnitude dada pelos respectivos desvios-padrão. O programa de estimação do estado de seguimento é executado tanto para o sistema convencional como para o baseado em PMU. Atualizar o estado do sistema para ambos e compará-lo com os valores reais.

vi) Os valores verdadeiros são simplesmente as tensões dos nós medidas a partir do modelo Simulink. Se o tempo não tiver decorrido, avance para o passo 5.

Tabela 5.1: Dados de medição

Magnitude da tensão
V1,V7
Injeção de potência real
P4,P5,P6,P8,P10,P11,P13,P14,P15,P16,P18,P20,P21,P24,P25,P26,P28,P29
Injeção de potência reactiva
P4,P5,P6,P8,P10,P11,P13,P14,P15,P16,P18,P20,P21,P24,P25,P26,P28,P29
Fluxo de potência real
P2-4,P2-3,P3-1,P4-3,P4-6,P5-7,P6-2,P7-6,P9-6,P10-6,P10-9,P12-14,P15-12,P15-18,P16-17,P17-10,P19-20,P20-10,P21-10,P21-22,P22-10,P23-24,P24-22,P25-27,P27-28,P28-6, P29-30,P30-27
Fluxo de potência reactiva
P2-4,P2-5,P3-1,P4-3,P4-6,P5-7,P6-2,P7-6,P9-6,P10-6,P10-9,P12-14,P15-12,P15-18,P16-17,P17-

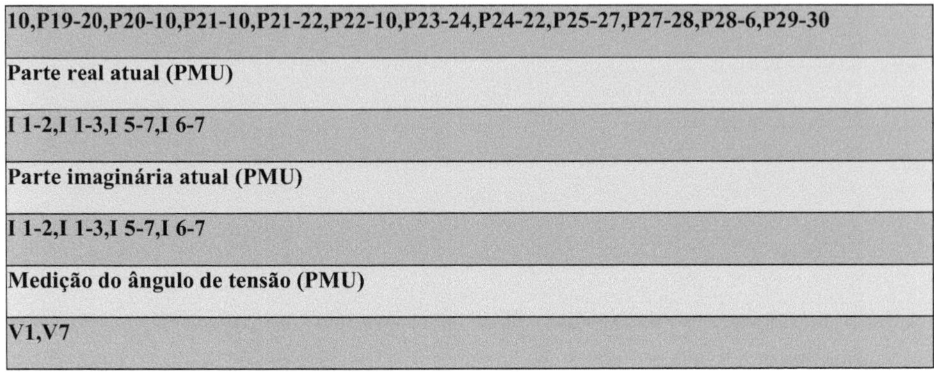

10,P19-20,P20-10,P21-10,P21-22,P22-10,P23-24,P24-22,P25-27,P27-28,P28-6,P29-30
Parte real atual (PMU)
I 1-2,I 1-3,I 5-7,I 6-7
Parte imaginária atual (PMU)
I 1-2,I 1-3,I 5-7,I 6-7
Medição do ângulo de tensão (PMU)
V1,V7

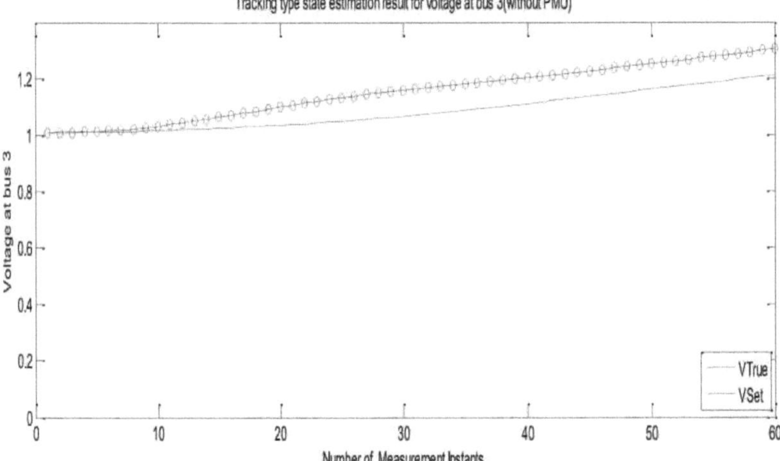

Fig 5.2: Estimativa de estado do tipo tracking para sistema convencional de 14 barramentos IEEE

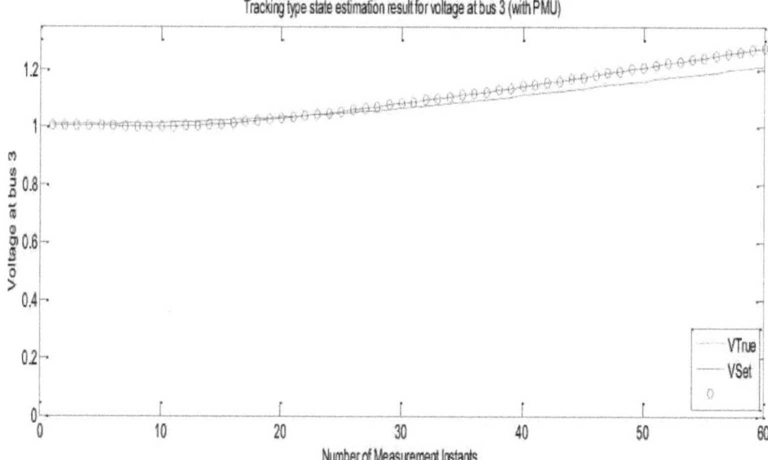

Fig. 5.3: Estimativa de estado do tipo Tracking para o sistema de 14 barramentos IEEE com PMU

Na fig. 5.2 e na fig. 5.3, é apresentado o seguimento da tensão no barramento 3, onde está ligada a fonte intermitente, ou seja, a fonte renovável. Nestas figuras, Vset é o valor estimado da tensão e Vtrue é o valor real. Pode ser visto que o sistema de barramento IEEE14 que contém PMU dá melhores resultados no rastreamento da tensão em um determinado barramento em comparação com a rede convencional onde a medição tradicional foi tomada. Isto mostra que a PMU ajuda a monitorizar melhor a estimativa do estado de seguimento da fonte renovável integrada na rede inteligente.

Agora, a comparação foi feita para o seguimento do sistema de barramento IEEE 14 que não contém a fonte renovável em nenhum barramento e o sistema de barramento IEEE 14 no qual uma fonte renovável está ligada. O erro na magnitude da tensão e no ângulo da tensão (PMU e convencional) para os dois casos diferentes

i) Quando a saída de energia renovável é variada no sistema de barramento IEEE 14.

ii) Quando a saída de energia renovável não é variada no sistema de barramento IEEE 14, o gráfico é apresentado abaixo:

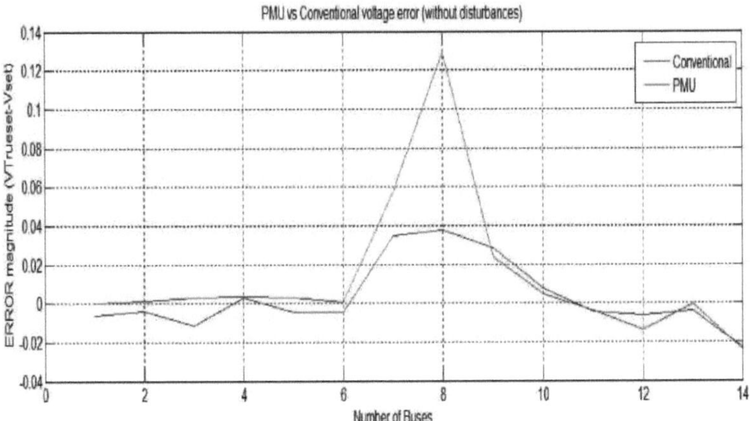

Fig. 5.4: Comparação da magnitude do erro entre a PMU e a tensão convencional (sem perturbações de fontes renováveis)

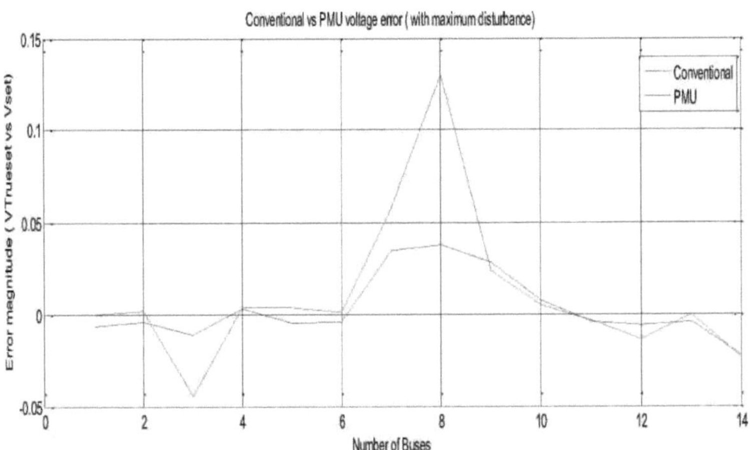

Fig. 5.5: Comparação da magnitude do erro entre a PMU e a magnitude da tensão convencional (com variação da energia renovável no barramento 3)

A partir da fig. 5.4 e da fig. 5.5, pode ver-se que, quando a fonte renovável (parque eólico ou central solar) está ligada ao barramento 3, a magnitude do erro de estado estimado nesse barramento específico é muito elevada quando não são incorporados dados da PMU na estimativa de estado, mas quando os dados da PMU são incorporados, a magnitude do erro de estado estimado na tensão diminui, como se mostra na figura.

ii) Pela técnica de fluxo de carga Newton Raphson

Agora, o segundo método neste trabalho para verificar o impacto da PMU na rede inteligente é através da técnica de fluxo de carga newton raphson. O algoritmo para esta técnica é apresentado de seguida.

II) Algoritmo de estimação de estado do tipo tracking baseado no método de Newton Raphson:

i) As medições são efectuadas a partir do fluxo de carga de Newton Raphson, tomando os valores nominais indicados no arquivo do sistema elétrico [36].

ii) As medições são efectuadas para diferentes fluxos de potência, injecções de potência, tensões, fluxos de corrente, ângulos de corrente, ângulos de tensão.

iii) Assim, inicialize o modelo e observe que

a) é formada a matriz de medição (z) .

b) são formados dados de linha.

c) é formada a matriz de variância de medição.

$$\sigma_{V\ Conv} = 0.03\ p.u,$$

$$\sigma_{V\ PMU} = \sigma_{I\ PMU} = 0.002\ p.u,$$

$$\sigma_{Pf} = \sigma_{Pi} = 0.02\ p.u$$

$$\sigma_{\theta\ PMU} = \sigma_{\delta PMU} = 0.0017\ p.u$$

111) Ligar uma fonte renovável (parque eólico ou central solar) ao barramento 3. Esta fonte intermitente introduzirá perturbações no barramento 3. Estas perturbações assumem a forma de variações de carga (rampa e degrau) no barramento 3.

v) Para cada passo de tempo $At = 0{,}0005\ s$, os valores medidos de todas as medições (z) são enviados para o programa (programa de estimação do estado de rastreio), utilizando novamente o fluxo de carga de Newton-Rafson para cargas variadas. Adiciona-se um ruído gaussiano de magnitude dada pelos respectivos desvios-padrão. O programa de estimação do estado de seguimento é executado tanto para a SE convencional como para a SE baseada em PMU. Atualizar o estado do sistema para ambas e compará-lo com os valores reais.

vi) Os valores verdadeiros são simplesmente as tensões dos nós obtidas como saída da solução de fluxo de carga Newton Raphson. Se o tempo não tiver decorrido, avance para o passo 5.

Mais uma vez, com este método, o impacto da PMU na tensão e no ângulo de tensão de um barramento ligado à fonte renovável é evidente, melhorando os resultados da estimativa do estado de seguimento quando comparado com a rede que tem apenas medições convencionais.

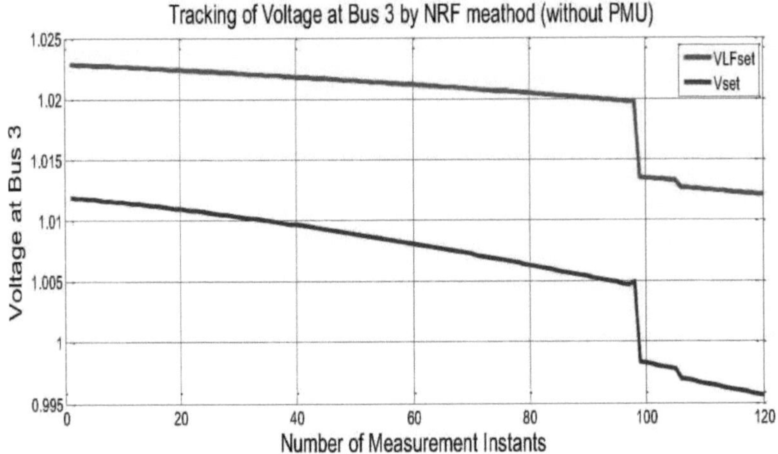

Fig 5.6: Rastreamento da tensão no barramento 3 (sem PMU)

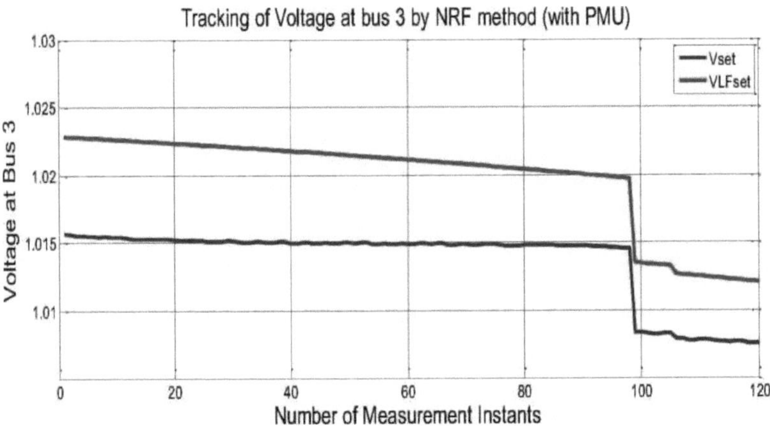

Fig 5.7: Rastreamento da tensão no barramento 3 (com PMU)

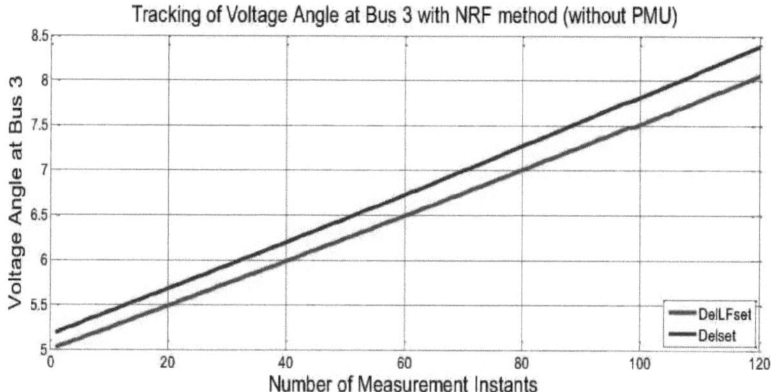

Fig. 5.8: Rastreamento do ângulo de tensão no barramento 3 (sem PMU)

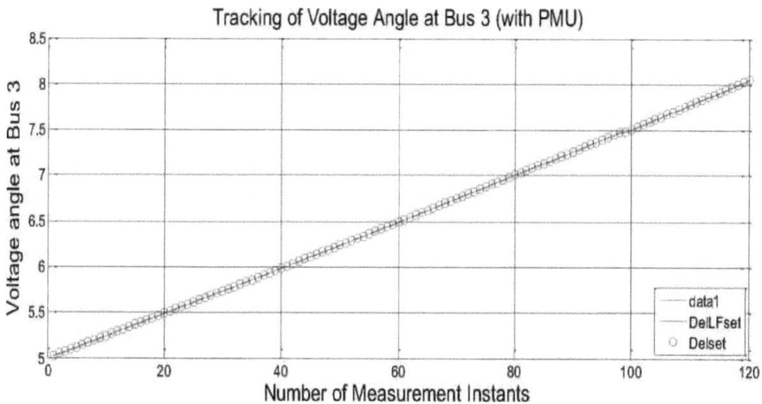

Fig. 5.9: Rastreamento do ângulo de tensão no barramento 3 (com PMU)

A partir da figura acima, pode ver-se que, para o seguimento da tensão e do ângulo de tensão, a diferença entre o valor real e a tensão estimada é muito menor quando uma PMU está ligada ao barramento, em comparação com a rede em que não está ligada nenhuma PMU.

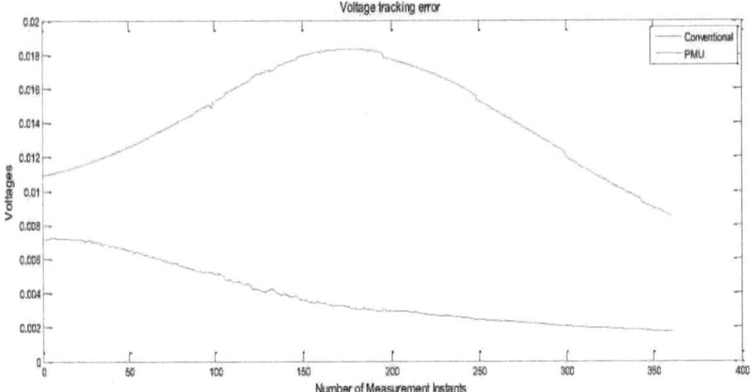

Fig. 5.10: Erro de rastreamento de tensão

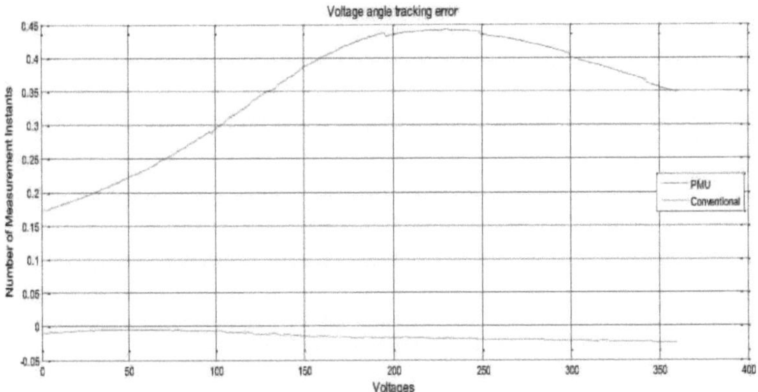

Fig. 5.11: Erro de seguimento do ângulo de tensão

A Fig. 5.12 e a Fig. 5.13 mostram que o erro na tensão e no seu ângulo se desvia muito mais em comparação com a tensão e o seu ângulo do mesmo barramento quando a PMU está ligada.

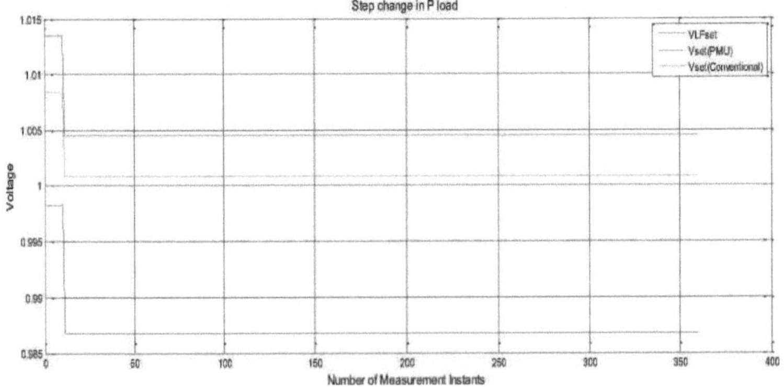

Fig 5.12 : Variação gradual da carga de potência

Se for considerado o caso da mudança de passo, também se pode ver que, se a PMU estiver localizada no barramento, dá melhores resultados de seguimento em comparação com o barramento com o método convencional, uma vez que o gráfico verde na figura é o conjunto de tensões do barramento com PMU que está muito mais próximo do valor verdadeiro (gráfico vermelho) do que o gráfico azul que indica o resultado da medição convencional.

Resultados da estimativa de estado dinâmico

Para o sistema IEEE de 14 barramentos, foram utilizados geradores com constantes de tempo de 10 segundos para o barramento 1 e 5 segundos para o barramento 2. Condensadores síncronos com constantes de tempo de 5 segundos foram utilizados nos restantes barramentos PV (3, 6 e 8). Nos restantes barramentos foram aplicadas cargas de inércia com constantes de tempo de 1 segundo. Estas constantes de tempo representam constantes de tempo típicas associadas a sistemas de energia reais.

Em sistemas de 14 barramentos, o barramento 3 foi sujeito a um aumento de carga de 0 a 0,2 p.u. a uma taxa de rampa de 0,02 p.u. por segundo. Esta carga foi mantida constante durante 30 segundos. A carga diminuiu então de 0,2 p.u. para 0,1 p.u. a uma taxa de rampa de -0,1 p.u. por segundo.

Os sistemas de ensaio foram simulados durante 5 segundos (0 a 5), sendo os dados recolhidos a cada segundo. Todas as injecções de potência real nos barramentos e os fluxos de potência real nas linhas foram registados, bem como as cargas e os ângulos dos barramentos.

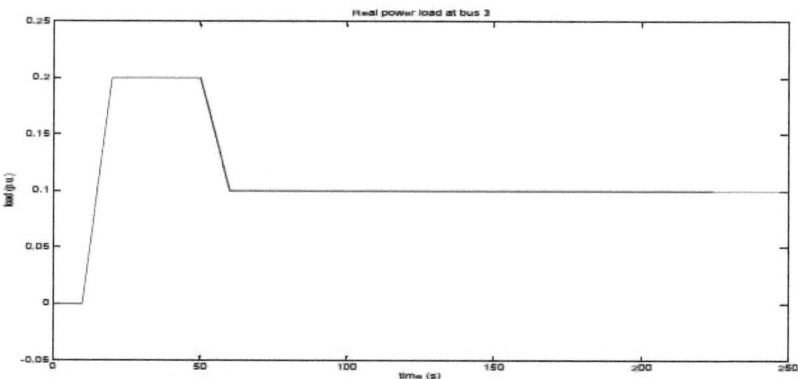

Fig 5.13 : Carga de potência real no barramento 3

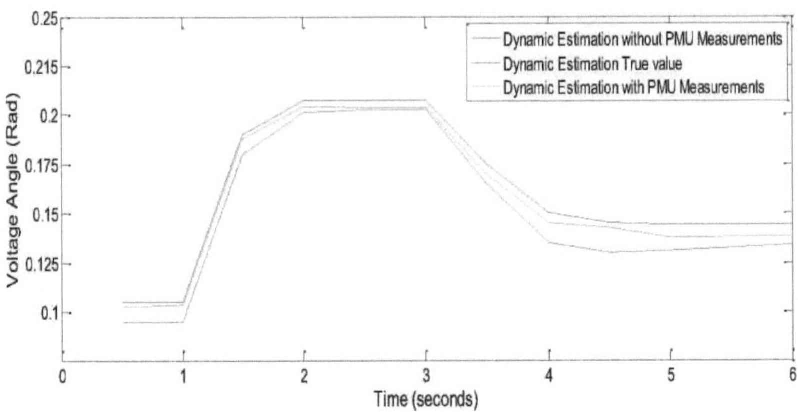

Fig. 5.14: Estimativa do estado dinâmico para ângulos de tensão

A figura 5.15 mostra a variação da carga para o barramento 3. Para esta variação específica da carga, a estimação dinâmica do estado é efectuada para estimar os estados do sistema. Como se pode ver na fig. 5.16, os resultados da estimação dinâmica do estado com as medições da PMU incluídas no processo de estimação dão melhores resultados em comparação com a estimação dinâmica do estado apenas com medições convencionais. Como já foi referido, a etapa de previsão da estimativa dinâmica do estado contém a dinâmica do gerador (fontes de energia convencionais e renováveis) e dos barramentos de carga, enquanto a etapa de correção contém um estimador de estado estático com medições efectuadas a partir de contadores convencionais e/ou PMU.

Conclusão e trabalho futuro

A técnica de estimação de estado baseada em PMU foi testada no sistema de teste de 14 barramentos IEEE. Os resultados indicam claramente que o erro nos estados estimados mostra uma queda drástica quando a magnitude da tensão baseada na PMU e as medições angulares são introduzidas no sistema. Um desafio significativo associado às redes inteligentes é a integração da geração renovável. A produção variável, fornecida por muitas fontes de energia renováveis, é um desafio para as operações da rede eléctrica. No entanto, quando utilizada em integração com a rede inteligente, a produção distribuída reactiva pode ser vantajosa para as operações do sistema, se for coordenada para aliviar o stress no sistema (por exemplo, picos de carga, sobrecargas nas linhas, etc.)

À medida que a expansão da integração de fontes renováveis na rede inteligente continua, o desafio da monitorização e controlo reais torna-se maior. Os parâmetros importantes da rede são medidos em vários pontos do sistema e transferidos para o centro de controlo, onde os dados são utilizados para várias funções do sistema de gestão de energia (EMS). A estimativa do estado constitui uma das principais funções do SGE no centro de controlo. A precisão da estimativa do estado depende diretamente da precisão das medições utilizadas. Assim, é altamente essencial utilizar dispositivos de medição exactos. As unidades de medição de fasores (PMU), com a sua elevada precisão inerente e a capacidade única de medir os ângulos de tensão, oferecem uma grande vantagem para melhorar a precisão global da estimativa do estado. A monitorização do sistema de medição de corrente não é tão rápida quanto o necessário para monitorizar as variações rápidas numa rede de sistema de energia integrada de energias renováveis. Assim, esta tese conclui que a PMU melhora a monitorização da rede inteligente integrada de energias renováveis quando é verificada a estimativa do estado de seguimento e a estimativa do estado dinâmico.

Da discussão acima apresentada, é bastante claro que as medições de fasores terão um impacto muito positivo na exatidão da estimativa do estado. Com os desenvolvimentos na tecnologia de hardware que resultam na redução dos preços das unidades de medição de fasores, cada vez mais empresas de serviços públicos estão a aumentar as suas instalações de PMU.

A monitorização e o controlo em tempo real dos sistemas de energia são extremamente importantes para um funcionamento eficiente e fiável de um sistema de energia. Uma vez que a operação repetida de funções de estimação do estado em curtos intervalos de tempo é computacionalmente dispendiosa, foi concebida a estimação por seguimento para atualizar o vetor de estado num instante de tempo. Na estimação por seguimento, assume-se que as alterações no sistema entre dois instantes de tempo sucessivos são extremamente pequenas e, por conseguinte, o vetor de estado é simplesmente atualizado por uma quantidade proporcional ao resíduo da medição em cada instante.

Foram efectuadas várias modificações nas técnicas para melhorar a computabilidade, a precisão e a facilidade de implementação. Embora o rastreio monitorize continuamente o sistema de energia, não existe qualquer modelação física do sistema e, por conseguinte, não é possível obter uma previsão realista dos estados. Assim, técnicas de estimação do estado dinâmico, que fornecem o vetor de estado previsto, são discutidas no trabalho.

Uma classe mais avançada de estimadores é o Estimador de Estado Dinâmico (EED), também designado por EED assistido por previsão, que está a tornar-se mais prático nos sistemas modernos de gestão de energia e que é utilizado nesta tese. Para as futuras redes eléctricas com fontes de energia renováveis intermitentes e cargas reactivas, é essencial estabelecer um paradigma de funcionamento dinâmico em contraste com a estimativa de estado estático.

Em condições normais de funcionamento, em que o estado do sistema de energia varia lentamente, o desempenho do DSE é altamente satisfatório.

Assim, é adotado um algoritmo DSE eficaz para prever as estimativas com precisão e aumentar a redundância dos dados em condições normais e quando a PMU está ligada ao sistema. E sempre que são detectadas alterações súbitas no estado do sistema devido a uma fonte intermitente, o conjunto de dados previstos é rejeitado para preservar a qualidade da estimativa.

Com a crescente popularidade do conceito de rede multiterminal de corrente contínua de alta tensão (MTDC) como uma solução fiável para a interligação de vários sistemas de corrente alternada (CA) e a integração de fontes de energia renováveis distantes, o problema da incorporação de sistemas MTDC no algoritmo SE tornou-se uma questão de importância vital. Para permitir a identificação do estado de funcionamento de um sistema elétrico com redes combinadas de CA e MTDC, o algoritmo existente deve ser modificado, aumentado e testado. Assim, a integração da corrente contínua de alta tensão (HVDC) com o sistema de barramento normalizado do IEEE pode melhorar os critérios de estabilidade, porque o fluxo de potência em CC depende do produto da tensão e da corrente CC e pode ser controlado através do controlo da tensão CC por meio do ângulo de disparo da válvula, mantendo a corrente CC constante.

Referências

[1] Atif. S. Debs e Robert. E. Larson, "A dynamic estimator for tracking the state of a power system", *IEEE Transactions on Power apparatus and Systems*, Vol. PAS 89, NO.7, pp. 1670-1678, setembro-outubro, 1970.

[2] J. S. Thorp, A. G. Phadke, K. J. Karimi, "Real time voltage-phasor measurements for static state estimation", *IEEE Transactions on Power Apparatus and Systems*, Vol. PAS- 104, No. 11, pp. 3098-3106, novembro de 1985.

[3] J. Allemong. Fundamentos da estimativa de estado para uma implantação bem-sucedida. Actas da Reunião Geral da Sociedade de Engenharia de Energia do IEEE de 2005, junho de 2005.

[4] F.C. Schweppe e J. Wildes. Estimativa do estado estático do sistema elétrico, parte i: Modelo exato. IEEE Transactions on Power Apparatus and Systems, PAS-89:120-125, janeiro de 1970.

[5] F.C. Schweppe e E.J. Handschin. "*Estimativa de estado estático em sistemas de energia eléctrica*". IEEE Proceedings, 62, julho de 1974.

[6] A. Monticelli. *Estimativa de estado em sistemas de energia eléctrica*: Uma abordagem generalizada. Springer, 1991.

[7] I.W. Slutsker, S. Mokhtari, e K.A. Clements. *Estimativa de parâmetros recursivos em tempo real em sistemas de gestão de energia*. IEEE Transactions on Power Systems, 11:1393 - 1399, agosto de 1996.

[8] M.M. Adibi, K.A. Clements, R.J. Kafka, e J.P. Stovall. *Integration of remote measurement calibration with state estimation-a feasibility study (Integração da calibração de medição remota com estimativa de estado - um estudo de viabilidade*). IEEE Transactions on Power Systems, 7:1164 -1172, Aug 1992.

[9] Z. Shan e A. Abur. *Combined state estimation and measurement calibration (Estimativa de estado e calibração de medições combinadas*). IEEE Transactions on Power Systems, 20, fevereiro de 2005.

[10] Z. Shan e A. Abur. *Autoajuste de pesos de medição na estimativa de estado de wls*. IEEE

Transacções em Sistemas de Energia, 19, Nov 2004.

[11] A. Jain e N.R. Shivakumar. *Power system tracking and dynamic state estimation (Seguimento do sistema de energia e estimativa do estado dinâmico*). Conferência e Exposição de Sistemas de Energia, 2009. PSCE '09. IEEE/PES, março de 2009.

[12] *J. Bay. Fundamentals of Linear State Space Systems*. McGraw-Hill, 1998.

[13] A.M. Leite da Silva, M.B. Do Coutto Filho, e J.M.C. Cantera. *Um algoritmo eficiente de estimação de estado incluindo processamento de dados ruins.* IEEE Transactions on Power System PWRS-2(4), novembro de 1987.

[14] K-R Shih e S-J Huang. *Aplicação de um algoritmo robusto para a estimação do estado dinâmico de um sistema elétrico.* IEEE Transactions on Power Systems, 17(1), fevereiro de 2002.

[15] A. Monticelli. *Estimativa de estado em sistemas de energia eléctrica: Uma abordagem generalizada. Springer, 1991.*

[16] P. Rosseaux, T. Van Cutsem e T. E. Dy Liacco. *Whither dynamic state estimation.* Intl Journal of Electric Power & Energy Systems, 12, abril de 1990.

[17] H. Xue, Q. Jia, N. Wang, Z. Bo, H. Wang e H. Ma. *Um método de estimativa de estado dinâmico com medição de pmu e scada para sistemas de energia.* Conferência Internacional de Engenharia de Energia, 2007. IPEC 2007, dezembro de 2007.

[18] E. A. Blood, B. H. Krogh, e M. D. Ili'c. *Estimativa do estado estático do sistema de energia eléctrica através de filtragem de Kalman e previsão de carga.* Actas da Reunião Geral da Sociedade de Engenharia de Energia do IEEE de 2008, julho de 2008.

[19] Hui Xua, Qing-quan Jia, Ning Wang, Zhi-qian Bo, Hai-tang Wang, e Hong-xia Ma, "*A Dynamic State Estimation Method with PMU and SCADA Measurement for Power Systems,*" Proceedings of The 8th International Power Engineering Conference (IPEC 2007), Singapura, 2007, pp. 848-853.

[20] Shivakumar. N. R e Amit Jain, "*Including Phasor Measurements in Dynamic State Estimation of Power Systems*", Actas da Conferência Internacional sobre Análise e Controlo e Otimização de Sistemas de Energia, pp 958-963, 13-15 de março de 2008, Visakhapatnam.

[21] Mark Rice, Gerald T. Heydt, "Phasor *measurement unit data in power system state estimation*", Relatório de projeto intermédio para o projeto PSERC "Enhanced State Estimators "Power Systems Engineering Research Center, janeiro de 2005.

[22] Hongga Zhao, "A *new estimation model for utilizing PMU measurements*", International Conference on Power System Technology, 2006.

[23] R. D. Masiello e F. C. Schweppe. A tracking state estimator. *IEEE Transactions on Power Apparatus and Systems*, PAS-90, maio/junho de 1971.

[24] A.G. Phadke e J.S. Thorp, Synchronized *Phasor Measurements and Their Applications, Springer, 2008*

[25] M. Powalko, K. Rudion, P. Komarnicki e J. Blumschein, "Observability of the Distribution System", na *20.ª Conferência Internacional sobre Distribuição de Eletricidade*, junho de 2009.

[26] Schweppe, Fred C. & Rom, Douglas B., "*Power System Static-State Estimation- Parte II: Approximate Model*", IEEE Transactions on Power Apparatus And Systems, Vol. PAS-89, No. 1, janeiro de 1970.

[27] Monticelli e F. F. Wu, "*A method that combines internal state estimation and external network modelling*," IEEE Trans. Power App. Syst., vol. PAS-104, no. 1, pp. 91-103, Jan. 1985.

[28] "*IEEE Standard for Synchrophasor for Power System* (IEEE C37.118-2005), revisão do IEEE Std 1344-1995); Aprovado em 1 de fevereiro de 2006 American Nation Standards Institute," Aprovado em 21 de outubro, IEEE-SA Standards Board.

[29] A. G. Phadke, "*Synchronized Phasor Measurements - A Historical Overview,* " Transmission and Distribution Conference and Exhibition 2002: Ásia-Pacífico. IEEE/PES, vol. 1, pp. 476479,2002.

[30] A. Abur e A. G. Expósito, *Estimação do Estado de Sistemas de Potência: Theory and Implementation*. Nova York, NY, EUA: Marcel Dekker, 2004

[31] M. B. Do Coutto Filho, J. Duncan Glover, A. M. Leite da Silva, "*State estimators with forecasting capability*", *11th PSCC Proc*., Vol. II,pp.689-695, França, agosto de 1993.

[32] G. Phadke, "Synchronized phasor measurements in power systems", *IEEE Computer Applications in Power,* abril de 1993, pp. 10-15.

[33] Hui Xua, Qing-quan Jia, Ning Wang, Zhi-qian Bo, Hai-tang Wang, e Hong-xia Ma, "A Dynamic State Estimation Method with PMU and SCADA Measurement for Power Systems," *Proceedings of The 8th International Power Engineering Conference (IPEC 2007)*, Singapore,2007, pp. 848-853.

[34] Hongga Zhao, "A new estimation model for utilizing PMU measurements", *International Conference on Power System Technology*, 2006.

.

[35] David G. Hart, David Uy, Vasudev Gharpure, Damir Novosel, Danie Karlsson, Mehmet Kaba, "*PMUs - A new approach to power network monitoring*", ABB Review 1/2001, pp 58-61.

[36] Arquivo do sistema de energia: www.ee.washington.edu/research/pstca/pf14/ieee14cdf.txt

Printed by Books on Demand GmbH, Norderstedt / Germany